WTB

Wissenschaftliche Taschenbücher

Mathematik · Physik

Nina Hager

AF629059

Modelle in der Physik

Akademie-Verlag · Berlin

WTB Wissenschaftliche Taschenbücher

Eine Auswahl lieferbarer Bände:

HEINRICH ARNOLD
Physikalische Chemie der Halbleiter

JOACHIM AUTH / DIETMAR GENZOW
KLAUS H. HERRMANN
Photoelektrische Erscheinungen

HANS BANDEMER
ANDREAS BELLMANN
WOLFHART JUNG / KLAUS RICHTER
Optimale Versuchsplanung

FRANK BEICHELT
Prophylaktische Erneuerung von Systemen

JOACHIM BELLACH / PETER FRANKEN
ELKE WARMUTH / WALTER WARMUTH
Maß, Integral und bedingter Erwartungswert

WOLFRAM BRAUER
HANS-WALDEMAR STREITWOLF
Theoretische Grundlagen der Halbleiterphysik

SIEGFRIED BREHMER
Einführung in die Maßtheorie

SIEGFRIED BREHMER
Hilbert-Räume und Spektralmaße

JOHN CUNNINGHAM
Vektoren

GEORG DAUTCOURT
Relativistische Astrophysik

K. CH. DELOKAROV
Relativitätstheorie und Materialismus

HANNELORE FISCHER
JOACHIM PIEHLER
Modellsysteme der Operationsforschung

GOTTFRIED FRITZSCHE
Grundlagen und Entwurf passiver Analogzweipole
Netzwerke I

Entwurf passiver Analogvierpole
Netzwerke II

Entwurf aktiver Analogsysteme
Netzwerke III

Zeitdiskrete und digitale Systeme
Netzwerke IV

HERBERT GOERING
Asymptotische Methoden zur Lösung von Differentialgleichungen

HERBERT GOERING
Elementare Methoden zur Lösung von Differentialgleichungsproblemen

EDUARD HERLT / NIKOLAUS SALIÉ
Spezielle Relativitätstheorie

HELMUT HESS
Der elektrische Durchschlag in Gasen

V. I. KARPMAN
Nichtlineare Wellen in dispersiven Medien

A. R. KESSEL
Akustische Kernresonanz

DIETER KRESS
Theoretische Grundlagen der Signal- und Informationsübertragung

KARL LANIUS
Physik der Elementarteilchen

DIETER LEUSCHNER
Grundbegriffe der Thermodynamik

V. S. LETOCHOW
Laserspektroskopie

DIERCK-EKKEHARD LIEBSCHER
Relativitätstheorie mit Zirkel und Lineal

WOLFGANG MEILING
Digitalrechner in der elektronischen Meßtechnik
Teil 1: Meßmethodik
Teil 2: Gerätetechnik und Anwendungen

L. I. MIROSCHNITSCHENKO
Kosmische Strahlung im interplanetaren Raum

VOLKER NOLLAU
Semi-Markovsche Prozesse

PETER PAUFLER
GUSTAV E. R. SCHULZE
Physikalische Grundlagen mechanischer Festkörpereigenschaften
Teil I und II

ALBRECHT ROST
Messung dielektrischer Stoffeigenschaften

J. V. SAČKOV
Wahrscheinlichkeit und Struktur

WOLFGANG SCHÄFER
Theoretische Grundlagen der Stabilität technischer Systeme

VOLKMAR SCHURICHT
Kernexplosionen für friedliche Zwecke

VOLKMAR SCHURICHT
Fusionsreaktoren und Umwelt

NORBERT SIEBER
HANS-PETER LEIDHOLD
Einführung in die Datenverarbeitung

HUBERTUS STOLZ
Supraleitung

GERHARD WUNSCH
Zellulare Systeme

Festkörperphysik
Entwicklungstendenzen und Anwendungsmöglichkeiten

HORST MELCHER
Albert Einstein wider Vorurteile und Denkgewohnheiten

Die Schöpfer der physikalischen Optik
Eine Artikelsammlung

HANS-GEORG SCHÖPF
Von Kirchhoff bis Planck

RENATE WAHSNER
Mensch und Kosmos
Die copernicanische Wende

HELMUT FRIEMEL / JOSEF BROCK
Grundlagen der Immunologie

EBERHARD HOFMANN
Funktionelle Biochemie des Menschen
Band 1 und 2

LOTHAR JÄGER
Grundlagen der Klinischen Immunologie

KARLHEINZ LOHS
DIETER MARTINETZ
Entgiftung — Mittel, Methoden und Probleme

JOACHIM NITSCHMANN
Entwicklung bei Mensch und Tier

STEPHAN SCHNITZLER
Pharmakologische Aspekte von Immunreaktionen

DIETER SPAAR
HELMUT KLEINHEMPEL
HANS JOACHIM MÜLLER
KLAUS NAUMANN
Bakteriosen der Kulturpflanzen

EBERHARD TEUSCHER
Pharmakognosie
Teil I–III

MICHAEL THEILE
SIEGFRIED SCHERNECK
Zellgenetik

PETER BIRNER
HANS-JÖRG HOFMANN
CORNELIUS WEISS
MO-theoretische Methoden in der organischen Chemie

KLAUS BUDDE / HELMUT BULLE
HELMUT RÜCKAUF
Stöchiometrie chemisch-technologischer Prozesse

HEINRICH BREMER
KLAUS-PETER WENDLANDT
Heterogene Katalyse

WERNER DÖPKE
Dynamische Aspekte der Stereochemie organischer Verbindungen

GÜNTER EPPERT
Einführung in die Schnelle Flüssigchromatographie

GERHARD GEISELER / HEINZ SEIDEL
Die Wasserstoffbrückenbindung

FALKO H. HERRMANN
MARTINA CH. HERRMANN
Das Hämoglobin des Menschen

HELMUT HRAPIA
Einführung in die Chromatographie

DIETER ONKEN
Antibiotika – Chemie und Anwendung

Vorschau auf die nächsten Bände:

KLAUS DITTRICH
Atomabsorptionsspektroskopie

CHRISTIAN EDELMANN
Druckmessung und Druckerzeugung

DETLEF GRÖGER / SIEGFRIED JOHNE
Mikrobielle Gewinnung von Arzneistoffen

HANS NEUMANN / KLAUS SCHÄFER
Elektrische und elektronische Meßtechnik

ROBERT ROMPE
HANS-JÜRGEN TREDER
Über die Einheit der exakten Wissenschaften

S. SAKATA / M. TAKETANI
Philosophische und methodologische Probleme der Physik

ERNST SCHMITZ
Organische Zwischenprodukte

WOLFGANA WAGNER
Chemische Thermodynamik

WTB

BAND 278

Nina Hager

Modelle in der Physik

(erkenntnistheoretisch-methodologisch betrachtet)

AKADEMIE VERLAG · BERLIN

Reihe MATHEMATIK UND PHYSIK

Herausgeber:

Prof. Dr. phil. habil. W. Holzmüller, Leipzig
Prof. Dr. phil. habil. A. Lösche, Leipzig
Prof. Dr. phil. habil. H. Reichardt, Berlin
Prof. Dr. rer. nat. habil. H.-J. Treder, Potsdam

Verfasser:

Dr. phil. Nina Hager

Zentralinstitut für Philosophie
der Akademie der Wissenschaften der DDR

1982
Erschienen im Akademie-Verlag,
DDR-1086 Berlin, Leipziger Straße 3–4
Lektor: Dipl.-Phys. Ursula Heilmann
© Akademie-Verlag Berlin 1982
Lizenznummer: 202 · 100/436/82
Gesamtherstellung: VEB Druckhaus „Maxim Gorki“,
7400 Altenburg
Bestellnummer: 762 978 9 (7278) · LSV 0104
Printed in GDR
DDR 12,50 M
ISSN 0084-098X

Vorwort

Die vorliegende Arbeit entstand im Rahmen von Forschungen zu philosophischen Fragen der Physik im Bereich Philosophische Fragen der Wissenschaftsentwicklung des Zentralinstituts für Philosophie der AdW der DDR. Sie stellt ein Ergebnis vielfältiger Diskussionen dar, die auf der Grundlage einer einheitlichen Konzeption des Bereiches zum Verhältnis zwischen marxistisch-leninistischer Philosophie und Naturwissenschaften geführt wurden.

Der Umstand, daß in den letzten Jahren an der Akademie der Wissenschaften der DDR, an anderen wissenschaftlichen Institutionen, im Ausland, besonders auch in der UdSSR, verschiedenste Aspekte der Anwendung von Modellen für den wissenschaftlichen Erkenntnisprozeß bzw. für die Umsetzung theoretischer Erkenntnisse in die gesellschaftliche Praxis in den Vordergrund rückten, befruchtete philosophisch-erkenntnistheoretische und methodologische Überlegungen zu diesem Thema. Dabei scheint es, daß entsprechend dem gegenwärtigen Stand der Diskussionen über die Modellproblematik weniger der Modellbegriff (bzw. die Modellbegriffe) in der philosophischen Relevanz, als vielmehr die Einbettung der Modellmethode in den wissenschaftlichen Erkenntnisprozeß tiefer untersucht werden muß. Natürlich setzt dies bestimmte Begriffe des Modells, der Modellmethode, der Theorie usw. voraus.

Sicher kann eine Arbeit nicht die Vielzahl auftretender Beziehungen erschöpfend behandeln. In dieser Hinsicht sieht die Autorin ihre Arbeit als Anregung für weitere philosophisch-erkenntnistheoretische und methodologische Untersuchungen auf diesem Gebiet.

Insbesondere möchte die Autorin Akademiemitglied Prof. Dr. sc. H. Hörz für die große Unterstützung bei der Bewältigung dieser Problematik danken. Prof. Dr. sc. R. Herrmann und Prof. Dr. habil. D. Schulze gaben wertvolle Anregungen im Vorfeld der Untersuchungen bzw. zu einzelnen physikalischen, aber auch philosophischen Darstellungen. Zu großem Dank ist die Autorin Dr. U. Röseberg, Dr. F. Gehlhar, Dr. P. Franz, Dr. T. Hager u. a. für zahlreiche kritische Anmerkungen verpflichtet.

Berlin, März 1981 Nina Hager

Inhaltsverzeichnis

1. Einleitung

Wäre die Welt ein undifferenziertes Chaos, wären dann Erkenntnisse über sie möglich? Wie sollten solche Erkenntnisse über eine undifferenzierte und beispielsweise vielleicht lediglich in der „Erkenntnis" in einzelne Teile, Eigenschaften, Beziehungen usw. separierbare „Wirklichkeit" aussehen?

Die eigene Geschichte der menschlichen Auseinandersetzungen mit der Welt, die immer tiefere Erkenntnis der Gesetzmäßigkeiten der Natur, der Gesellschaft und des Denkens zeigen dazu im Gegensatz, daß man in der objektiven Realität selbst unterschiedliche Strukturen und Funktionen, wesentliche und unwesentliche Zusammenhänge vorfindet. In der Wirklichkeit existieren relativ isolierte Zusammenhänge, verschiedenste objektiv-reale Systeme mit ihren wesentlichen und unwesentlichen Beziehungen. Nicht erst unsere Erkenntnis konstituiert die Welt, sondern sie findet dort ihre Quelle, in der außerhalb und unabhängig vom menschlichen Bewußtsein existierenden objektiven Realität, die auf spezifische Weise widergespiegelt, abgebildet wird.

W. I. LENIN schrieb über die menschliche Erkenntnis: „Erkenntnis ist die Widerspiegelung der Natur durch den Menschen. Aber das ist keine einfache, keine unmittelbare, keine totale Widerspiegelung, sondern der Prozeß einer Reihe von Abstraktionen, der Formierung, der Bildung von Begriffen, Gesetzen etc., welche Begriffe, Gesetze etc. (...) eben bedingt, annähernd die universelle Gesetzmäßigkeit der sich ewig bewegenden und entwickelnden Natur *umfassen*. Hier gibt es *wirklich*, objektiv *drei* Glieder: 1) die Natur; 2) die menschliche Erkenntnis = das

Gehirn des Menschen (als höchstes Produkt eben jener Natur) und 3) die Form der Widerspiegelung der Natur in der menschlichen Erkenntnis, und diese Form sind eben die Begriffe, Gesetze, Kategorien etc. Der Mensch kann der Natur nicht als ganze, nicht vollständig, kann nicht ihre ‚unmittelbare Totalität' erfassen = widerspiegeln = abbilden, er kann dem nur ewig näher kommen, indem er Abstraktionen, Begriffe, Gesetze, ein wissenschaftliches Weltbild usw. usf. schafft"[1].

Werden aber die Erscheinungen der objektiven Realität durch den Menschen zuerst in ihrer Totalität unwesentlicher und wesentlicher Beziehungen wahrgenommen, wie manche Äußerungen in der marxistisch-leninistischen philosophischen Literatur zunächst vermuten lassen?[2] Durch die Psychophysik kognitiver Prozesse wurde als eines der grundlegenden kognitiven Funktionsprinzipien erkannt, daß der wahrnehmende Organismus nicht alle Objekteigenschaften gleichberechtigt aufnimmt, sondern je nach ihrem Informationsgehalt gefiltert. „Dabei spielen interne, im Gedächtnis vor allem organisierte Prozesse der Informationsverarbeitung eine bedeutende Rolle"[3]. Für die Erkenntnis der uns umgebenden Welt sind also grundlegend zwei Aspekte von Bedeutung: Die Strukturiertheit der objektiven Realität ebenso wie die unserer eigenen Erkenntnis. Damit entsteht jedoch das grundlegende Problem jedes Erkenntnisprozesses, das im weiteren im gesamten Buch aufgeworfen wird, das Problem der Wahrheit unserer Erkenntnisse, das hier auf die relativ adäquaten Widerspiegelung objektiver Erscheinungen in unseren Begriffen, Gesetzen, Modellen, Theorien usw. bezogen werden soll.

Die Erscheinungen der objektiven Realität werden also durch das erkennende Subjekt von vornherein unter ganz bestimmten Gesichtspunkten widergespiegelt. Diese Tendenz verstärkt sich mit zunehmender Kenntnis des Menschen von der ihn umgebenen Welt, wird zunehmend durch *bewußte* Tätigkeiten ergänzt. Die Bewußtheit eines solchen Vorgehens ist im wissenschaftlichen Erkenntnisprozeß hinsichtlich der konkreten Zielstellung der Forschung stark ausgeprägt: Bei jeder Beobachtung wird das zu beobachtende Objekt bzw. der Prozeß hinsichtlich einiger objektiv-realer Eigenschaften und Beziehungen betrachtet und die der Beobachtung dienenden Hilfsmittel werden darauf ausgerichtet. Bei jedem wissenschaftlichen Experiment werden die „Fragen an die Natur" auf der Grundlage theoretischer Voraussetzungen „gestellt". Auf dieser Basis besteht die Möglichkeit der Schaffung wissenschaftlicher Abstraktionen, auch von ideellen Modellen. Diese sollen dem Menschen dazu dienen, die allgemein-notwendigen und wesentlichen Zusammenhänge (die objektiven Gesetze) der Erscheinungen in ihren historisch erkannten Beziehungen widerzuspiegeln, d. h. sie in einem System wissenschaftlicher Gesetze mit den dazugehörigen Existenzbedingungen abzubilden[4]. Darauf aufbauend sucht der Mensch, die Welt zu beherrschen und nach seinem Willen zu verändern. Eine noch nicht *bewußt* differenzierende Wahrnehmung steht ganz am Anfang der menschlichen Erkenntnis — sowohl in der Geschichte der Menschheitsentwicklung als auch im Leben jedes Einzelnen. Mit zunehmender Erkenntnisfähigkeit und zunehmender Kenntnis verändert sich dies, es erweist sich die historische und soziale Bedingtheit wie Begrenztheit menschlicher Erkenntnis. Die Erfassung des Wesens der Erscheinungen, ihre theoretische Widerspiegelung als geistig Konkretes zeigt sich somit als ein sich historisch entwickelnder, letztlich unendlicher Prozeß[5] der Erkenntnis der qualitativ und quantitativ unerschöpflichen Mannigfaltigkeit der Erscheinungen, ihrer Bewegung, Veränderung und Entwicklung. Oder, wie W. I. Lenin im Konspekt zu Hegels „Vorlesungen über die Geschichte der Philosophie" schreibt: „Die unendliche Summe der allgemeinen Begriffe, Gesetze etc. ergibt das *Konkrete* in seiner Vollständigkeit"[6].

Welche Aspekte objektiv-realer Objekte und Prozesse werden durch die im Erkenntnisprozeß geschaffenen Abstraktionen widergespiegelt?

Wie bereits erwähnt, können die Erscheinungen der objektiven Realität nicht in einem historisch begrenzten Zeitraum in der unerschöpflichen Mannigfaltigkeit ihrer Eigenschaften und Beziehungen widergespiegelt werden. Der Erkenntnisprozeß führt zur tieferen Erfassung wesentlicher Beziehungen, Eigenschaften. Zweitrangiges, für die speziellen Forschungen Unwesentliches, wird bewußt „ausgeschlossen". Wissenschaftliche Erkenntnis ist auf das immer tiefere Eindringen in das Wesen der Erscheinungen gerichtet, ist letztlich Gesetzeserkenntnis. Dabei bedient sie sich notwendig seiner theoretischen Fassung in wissenschaftlichen Abstraktionen, darunter auch ideellen Modellen (auch Gedankenmodelle genannt). Die wissenschaftliche Erkenntnis zielt auf die ideelle Synthese erkannter Wesenselemente in wissenschaftlichen Theorien und die *praktische* Nutzung erlangter Erkenntnisse. Theorien sollen in dieser Hinsicht im weiteren als eine *historisch begrenzte*, also *relative*, geistige Reproduktion des Konkreten betrachtet werden. In diesem Sinne lassen sich Theorien durchaus von anderen Formen der Erkenntnis abgrenzen (ein Problem, das in der marxistisch-leninistischen Literatur zu erkenntnistheoretisch-methodologischen Fragen immer wieder diskutiert wird[7]). Im weiteren wird in diesem Buch der Standpunkt vertreten, daß sich die unterschiedlichen Formen und Mittel der Erkenntnis gleichfalls durch ihre spezifischen Funktionen im Erkenntnisprozeß unterscheiden lassen und nicht in jedem Fall bzgl. ihrer Strukturen oder ihres Allgemeinheitsgrades. So können auch Theorien die *Funktion* von Modellen übernehmen wie in der Mathematik[8]. Das Problem der Unterscheidung von Modellen und Theorien ist daher nicht trivial, sondern die entsprechenden Bedingungen im Erkenntnisprozeß müssen beachtet werden. Im weiteren wird ein Aspekt dieses Zusammenhangs betrachtet: Die Beziehungen zwischen Modellen und Theorien bzw. Modellen und anderen Mitteln und Formen der Erkenntnis in Theorienbildungsprozessen einer Wissenschaft.

Wissenschaftliche Abstraktionen sind durch die Hervorhebung nur einiger Eigenschaften, Beziehungen usw. objektiver Erscheinungen stets „Vereinfachungen", „Vergröberungen"[9]. Kann man jedoch behaupten, sie wären stets einfacher als die wirklichen Erscheinungen? Einerseits ist das richtig, denn die Erkenntnis der gesetzmäßigen Zusammenhänge in der unerschöpflichen Mannigfaltigkeit der Erscheinungen ist ein unendlicher Prozeß. Jedoch können oftmals Erkenntnisse aus einem Wissenschaftszweig, wenn auch modifiziert, in einem anderen fruchtbar werden, ergeben sich nachträglich überraschend zusätzliche Anwendungsbereiche für manche theoretischen Erkenntnisse, sind „fertige" Theorien reicher, als ursprünglich an Annahmen in sie „hineingesteckt" wurden. Die Widerspiegelung der Wirklichkeit durch den Menschen ist offensichtlich also ein komplizierter dialektisch verlaufender Vorgang des Aufsteigens von sinnlich-konkret wahrgenommenen objektiven Erscheinungen über die Bildung von Abstraktionen zur geistigen Reproduktion des Konkreten. Wissenschaftliche Begriffe, ideelle Modelle, Theorien usw. bedürfen eines Vorgehens, das weit über eine bloße Kopierung des Erkenntnisobjektes, über eine „mechanische" Abbildung hinausgeht. Die Schaffung wissenschaftlicher Abstraktionen ist ein aktiver Prozeß, ein schöpferischer Vorgang, bei dem Beziehungen entworfen werden, die keine direkte Entsprechung in der objektiven Realität haben, mit deren Hilfe man jedoch die Wirklichkeit immer besser erfassen, widerspiegeln kann. Dieser Sachverhalt ist in erster Linie angesprochen, wenn im weiteren die Rede davon sein wird, daß unsere theoretischen Vorstellungen Abbilder der Wirklichkeit sind, die eine dialektische Einheit von Abbild und Entwurf (Konstruktion) darstellen[10]. Interessant ist in diesem Zusammenhang die Entstehung theoretischer Vorstellungen über in der Natur noch nicht vorgefundene Objekte bzw. Prozesse sowie die Schaffung neuer technischer Objekte bzw. Prozesse. Konstruktive Momente spielen hier eine außerordentliche Rolle und die Frage des Abbildcharakters ist engstens mit der Verwirklichung objektiver Möglichkeiten verbunden. Jedoch soll im weiteren auf diesen Problemkreis nicht tiefer eingegangen werden.[11]

Entsteht, da dem Entwurf, der Konstruktion eine wesentliche Rolle bei der Bildung unserer theoretischen Vorstellungen zukommt, die Gefahr, daß willkürliche Spekulationen richtiges wissenschaftliches Denken ablösen?

Sicher ist das nicht absolut auszuschließen. Auch können falsche wissenschaftliche Voraussetzungen oder fehlerhaftes Vorgehen zu Inkonsistenzen in entstehenden theoretischen Vorstellungen führen. Die Richtigkeit unseres Denkens und damit auch des Entwurfs erweist sich bei der praktischen Nutzung der Erkenntnisse.

Mit der Schaffung wissenschaftlicher Abstraktionen entfernt sich das Denken, wenn es richtig ist, nicht von der Wahrheit, sondern nähert sich ihr. „Die Abstraktion der *Materie*, des Natur*gesetzes*, die Abstraktion des *Wertes* usw., mit einem Wort *alle* wissenschaftlichen (richtigen, ernst zu nehmenden, nicht unsinnigen) Abstraktionen spiegeln die Natur tiefer, richtiger, v o l l s t ä n d i g e r wider. Von der lebendigen Anschauung zum abstrakten Denken *und von diesem zur Praxis* — das ist der dialektische Weg der Erkenntnis der *Wahrheit*, der Erkenntnis der objektiven Realität".[12]

1.1. Modelle

Ideelle Modelle dienen als wissenschaftliche Abstraktionen der immer tieferen, richtigeren, vollständigeren Widerspiegelung der Gesellschaft und des Denkens. Damit ist der Anwendungsbereich von Modellen noch nicht erschöpft. So können durch die Nutzung vorhandener analoger oder die Schaffung entsprechender materieller Objekte bzw. Prozesse theoretische Vorstellungen in materiellen Modellen realisiert und in Modellexperimenten geprüft werden. Es besteht vielfach die Möglichkeit, Objekte oder Prozesse, die aus unterschiedlichsten Gründen nicht direkt untersucht werden können, mittels materieller Modelle zu repräsentieren. Die Nutzung mathematischer Modelle über EDVA dient unterschiedlichsten Anwendungen wie der Versuchsplanung[13], der Auswertung von Experimenten u. ä.[14]

Diese genannten Aspekte der Anwendung ideeller bzw. materieller Modelle zeigen die großen Möglichkeiten, mit Hilfe von Modellen zur tieferen Erkenntnis und besseren Beherrschung der Welt zu gelangen. Eine Überbetonung dieser Möglichkeiten wäre jedoch nicht gerechtfertigt, weil man die Existenz relativer Erkenntnisschranken ebenso wie die historisch begrenzten Bedingungen der Nutzung dieser Erkenntnisse berücksichtigen muß. So können theoretische Modelle auch zu „kompliziert" sein, um praktische Anwendung zu finden bzw. existiert eventuell ein Weg von solchen Modellen zur Praxis gegenwärtig noch nicht usw.

Modelle werden heute zunehmend zur Lösung theoretischer und praktischer Aufgaben in verschiedensten Natur- wie Gesellschaftswissenschaften und darüber hinaus benutzt.[15] Der Aspekt der besseren Beherrschbarkeit der uns umgebenden Welt mit Hilfe der Anwendung von Modellen wird in der marxistisch-leninistischen philosophischen Literatur stets implizit mit angesprochen[16], jedoch ist nicht ersichtlich, warum man diesen Aspekt nicht als einen grundlegenden Zug der Ausnutzung von Modellen in der wissenschaftlichen Forschung ansieht und in der Regel lediglich den Gewinn neuer Erkenntnisse hervorhebt, wenn die philosophische Relevanz der Modellmethode untersucht wird[17]. Die Hervorhebung der Aktivität des Erkenntnissubjektes erscheint der Verfasserin jedoch durch die Betonung der Möglichkeiten der besseren unmittelbaren, aktiven Beherrschbarkeit (was Erkenntnisgewinnung erfordert) der uns umgebenden Welt mit Hilfe der Anwendung von Modellen in unterschiedlichsten Zusammenhängen als ein wesentliches

Kennzeichen der philosophischen Bedeutung der Modellierung.

Hier soll unter einem *Modell* die materielle oder ideelle (Re-) Produktion von möglichen und wirklichen Objekten, Prozessen, Beziehungen und Funktionen durch ein Erkenntnissubjekt mittels Analogien im weitesten Sinne oder das Nutzen solcher Analogien in anderen materiellen oder ideellen Systemen zur tieferen Erkenntnis bzw. besseren Beherrschbarkeit des modellierten Originals verstanden werden. Analogien im weitesten Sinne schließen Homologien mit ein.

Die Bildung wie die Anwendung von materiellen bzw. ideellen Modellen bedarf stets theoretischer Erkenntnisse und praktischer Erfahrungen sowie theoretischer oder praktischer Zielstellungen durch den Menschen. Das schließt neben der Beachtung, Einbeziehung und evtl. Aufgabe oder Modifikation vorliegender Hypothesen die Analogiebeziehungen ideeller Modelle, Beziehungen zu Theorieentwürfen, Theorien usw., die Berücksichtigung von Ergebnissen aus Beobachtungen oder Experimenten ebenso wie Erfahrungen bei der Schaffung materieller Modelle mit ein. Ein Modell ist stets durch seine Beziehungen zu dem, *wovon* es Modell ist *und* dem, *wofür* es Modell ist, *im menschlichen Erkenntnisprozeß* bestimmt.

Eine solche Bestimmung eines philosophisch relevanten Modellbegriffs (der relativ umfassend sein und nicht nur für eine Wissenschaft Gültigkeit besitzen soll) führt zu bestimmten Konsequenzen. Aus der philosophischen Bestimmung des Subjekts bei der Modellierung (manchmal Modellsubjekt genannt) sind demzufolge auf Grund des philosophischen Subjektbegriffes, was keine Auswirkungen auf den entsprechenden einzelwissenschaftlichen Modellbegriff haben, jedoch auf die *Begriffswahl* Augenmerk lenken sollte, kybernetische Systeme wie EDVA ausgeschlossen. Im philosophisch relevanten Bezug ist dies kein Mangel, sondern verweist nach Meinung der Verfasserin auf den Umstand, daß auch der komplizierteste Rechner *vom* Menschen als Mittel der Untersuchung und Beherrschung der objektiven Realität eingesetzt wird und nicht unabhängig von ihm.

Weiter: Wenn in manchen Wissenschaften von einem internen Modell der Außenwelt bei lebenden Organismen die Rede ist, so stellt von dem hier vertretenen Standpunkt aus diese Benennung einen wissenschaftlich begründeten Begriff der entsprechenden speziellen Wissenschaft für objektiv-real existierende Strukturen und Funktionen dar. Ein derartiger Modellbegriff soll im weiteren nicht näher untersucht werden, sondern die allgemeinen-philosophisch relevanten — Funktionen und Beziehungen von Modellen im wissenschaftlichen Erkenntnis-, speziell Theorienbildungsprozeß anhand einer Wissenschaft, der Physik.

Eine solche Betrachtung berücksichtigt die vorliegenden Untersuchungen über ein konkretes Vorgehen bei Modellbildungen der Physik und berücksichtigt auch Forschungen zu heuristischen Regeln der Modellbildung[18]. Sie ist jedoch in erster Linie auf zwei grundlegende Ziele ausgerichtet: 1. sollen die im Zusammenhang mit der Anwendung von Modellen in Theorienbildungsprozessen einer Wissenschaft, die auf Grund ihres langwierigen Entwicklungsweges und des im theoretischen wie methodologischen Niveau erreichten Entwicklungsstandes für eine solche Untersuchung besonders reichhaltiges und u. U. verallgemeinerungsfähiges Material bietet, philosophisch-weltanschaulich, erkenntnistheoretisch sowie methodologisch relevanten Probleme aufgezeigt und diskutiert werden. 2. soll auf dieser Grundlage ein Beitrag zur weiteren Ausarbeitung der materialistischen Dialektik und zwar insbesondere zur Dialektik des Erkenntnisprozesses und zur subjektiven Dialektik geleistet werden. Bei letzterer sollen hier, als Widerspiegelung objektiver Dialektik im Denken, die allgemeinsten gesetzmäßigen Zusammenhänge zwischen den (historisch relativen) Ergebnissen von Erkenntnisprozessen betrachtet werden, wobei die Beschränkung auf den wissenschaftlichen

Erkenntnisprozeß in erster Linie wissenschaftliche Theorien und Modelle betreffen wird.

In unserer marxistisch-leninistischen philosophischen Literatur taucht manchmal eine vom allgemeinen Gebrauch abweichende Benutzung des Begriffes „analytische Methode“ auf (eigentlich philosophisch „analytisch“ = auf Analyse beruhend). Sie wird als die die Naturwissenschaften kennzeichnende Methode bezeichnet, die der dialektischen Methode als Charakteristikum unserer Philosophie entgegengesetzt wird[19]. Einer solchen Auffassung kann nicht zugestimmt werden: 1. Die Entgegensetzung ist willkürlich und weder durch Philosophie-, noch andere Wissenschaftsgeschichte begründbar; sie läuft letztendlich auf eine „Exklusivität“ der Philosophie gegenüber anderen Wissenschaften hinaus. 2. Dialektik und Metaphysik (im Sinne von Nichtdialektik) sind entgegengesetzt. 3. Die Naturwissenschaften dringen im Gegensatz dazu mit ihren *Methoden* (und nicht nur mittels einer) immer tiefer in das Wesen der Erscheinungen ein, erfassen immer tiefer die objektive Dialektik der Natur, bedienen sich im Laufe ihrer Geschichte notwendig zunehmend selbst eines dialektischen Vorgehens (um mit LENIN zu sprechen, unterliegen sie einem „Zwang zur Dialektik“), das einer philosophischen Verallgemeinerung unterzogen werden kann. Die Verabsolutierung einer Methode oder eines ihrer Aspekte zeugt dagegen von einer Unkenntnis des wirklichen Vorgehens in den Naturwissenschaften, in denen Verabsolutierungen auf Schranken stoßen.

Die Anwendung von Modellen erweist das sich wechselseitige Bedingen der Methoden, z. B. von Analyse und Synthese. So muß ein einmal aufgestelltes Modell, das bereits eine Synthese vorhandenen Wissens darstellt, bezüglich seiner verschiedenen Konsequenzen theoretisch und wenn möglich, praktisch analysiert werden. Das kann dazu führen, daß das Modell modifiziert oder aufgegeben werden muß, die Ausgangshypothesen überprüft werden. Theorien und Modelle werden aufgestellt, die sich im weiteren als Theorien über die zu untersuchenden Erscheinungen erweisen können, also Momente objektiver Naturdialektik widerspiegeln, und damit eine subjektive Synthese analysierter Wesensmomente der zu untersuchenden Erscheinungen darstellen.

„Analyse und Synthese (wie auch Induktion und Deduktion) sind nicht zwei verschiedene, zeitlich auseinanderfallende Akte, sondern ein und derselbe Denkakt in seinen unauflöslichen Aspekten.

In der Wissenschaft ist es ganz und gar nicht so (obwohl so etwas auch relativ häufig passiert), daß wir anfangs das Ganze gedankenlos analytisch zerlegen und uns danach bemühen, das ursprüngliche Ganze aus diesen verstreuten Teilen wiederzusammenzufügen; ein solches Verfahren der ‚Analyse' und nachfolgenden ‚Synthese' ähnelt mehr den Handlungen eines Kindes, das ein Spielzeug zerbricht ohne Hoffnung, es wieder ‚so zu machen, wie es war', als denen eines Theoretikers.

Die theoretische Analyse versucht von Anfang an, die Zusammenhänge zwischen den einzelnen Elementen des Ganzen nicht auseinanderzureißen, sondern im Gegenteil, sie zu bestimmen, zu verfolgen. Eine unvorsichtige Analyse (die das Bild des Ganzen als ihre ursprüngliche Voraussetzung und ihr Ziel aus den Augen verloren hat) riskiert es immer, den Gegenstand in solche Bestandteile zu zerlegen, die für dieses Ganze völlig unspezifisch sind und aus denen man deshalb dieses Ganze nicht wieder zusammenfügen kann."[20]

1.2. Modell und Methode

Die Modellmethode in ihren spezifischen Erscheinungsformen ist nur eine von vielen wissenschaftlichen Methoden insbesondere auch der Physik. Sie steht in engem Zusammenhang mit anderen Methoden, wie der experimentellen, der mathematischen u. a.

Wissenschaftliche Methoden geben in systematischer Form allgemeine Prinzipien für entsprechendes zielgerichtetes geistiges oder praktisches Handeln in den Wissenschaften.

Um von bisherigen Erkenntnissen zu wirklich neuen Erkenntnissen zu gelangen, muß man adäquate Methoden anwenden, was nichts anderes bedeutet, als daß die Methoden wissenschaftlicher Tätigkeit eng mit dem Inhalt des Wissens zusammenhängen.[21]

Welche konkreten Methoden angewendet werden, ist durch den Gegenstand der Forschung, den Bereich (Zweig der Physik, experimentelle oder theoretische Tätigkeit, Grundlagen- oder angewandte Forschung) und den Entwicklungsstand der Forschung, aber auch durch die Art und Weise, wie der entsprechende Wissenschaftler bzw. die Forschergruppe Probleme löst, gegebenenfalls zugleich durch ökonomische oder humane Aspekte determiniert.

Obgleich dies breit anerkannt wird, stellt sich das Problem der Vertiefung methodischer Bewußtheit nicht nur als eine philosophisch und wissenschaftstheoretisch diskutierenswerte, sondern als eine wesentliche praktische Frage der notwendigen besseren Beherrschung des wissenschaftlich-technischen Fortschritts unter den Bedingungen unserer sozialistischen Gesellschaft. Ein richtiges philosophisches Verständnis dieser Problematik kann dazu beitragen, subjektive Triebkräfte für die praktische Bewältigung der entsprechenden Aufgaben freizusetzen.[22]

Kehren wir zum Theorienbildungsprozeß zurück. Spiegeln sich die verwendeten Methoden explizit oder implizit in gesicherten Theorien wider?

Explizit zeigen sie sich offensichtlich in der Verwendung physikalischer Prinzipien, mathematischer Strukturen und Lösungswege, in ideellen Modellen als unverzichtbarer Bestandteil der Theorie, ohne daß die Spezifik angewandter Methoden dadurch voll erfaßbar wird. Implizit gehen z. B. Vorschriften, wie die Größen der Theorie mit Meßgrößen zusammenhängen (Korrespondenzregeln bzw. Operationsdefinitionen[23]), grundlegende Gedankenexperimente (z. B. das HEISENBERGsche Gedankenexperiment zur Unschärferelation), reale Experimente zur Bestimmung wesentlicher Konstanten der Theorie (z. B. des PLANCKschen Wirkungsquantums) in den allgemeinen Rahmen der Theorie bzw. ihrer Interpretation, Veranschaulichung ein.

Wie in den vorhergehenden Äußerungen angedeutet, ist das hier angelegte Methodenverständnis sehr breit. Die Untersuchung der Zusammenhänge zwischen den einzelnen Methoden ergeben Aufschlüsse für die Dialektik des Erkenntnisprozesses selbst, wozu in den weiteren Ausführungen einige Aspekte untersucht werden.

Betrachtet man das Ensemble der Methoden, manchmal auch Methodengefüge genannt, so stellt man fest, daß die Modellmethode eine „verbindende" Methode darstellt. Sie reicht „von der objektiven Analyse im Experiment bis zur subjektiven Synthese analysierter Wesenselemente in der Theorie, von der theoretischen Analyse bis zur praktischen Synthese in materiellen Modellen, Pilotstationen usw."[24]

Die *Modellmethode* ist die Bildung oder Anwendung materieller oder ideeller Modelle durch ein Erkenntnissubjekt im wissenschaftlichen Erkenntnisprozeß zur tieferen Erkenntnis bzw. besseren Beherrschbarkeit des modellerten Originals unter Ausnutzung von Analogien im weitesten Sinne.

Diese Methode ist nicht auf die Aufstellung des Modells beschränkt, sondern schließt die weitere Arbeit mit dem Modell ebenso ein wie die praktische Folgerungen aus dem Modell, unterstützt die Überführung theoretischer Erkenntnisse in die Praxis und beinhaltet oft eine Einordnung in allgemeinere Vorstellungen wie z. B. Theorien. Man kann also (Kapitel 2) Stufen in der Modellbildung unterscheiden, die heuristische, kognitive, pragmatische und erklärende Stufe genannt werden sollen.[25] Im weiteren werden im 3. Kapitel diese Stufen näher untersucht und anhand von Fallstudien aus der Geschichte der Physik (bzw. in Verbindung mit der Geschichte der Kristallographie) als Prototyp für Wissenschaftsentwicklung, präzisiert.

Für den Physiker sind, wie im 2. Kapitel ausgeführt wird, ideelle Modelle als eine Form und ein Mittel der theoretischen Erfassung, Widerspiegelung der Wirklichkeit Bestandteil von Prozessen der Erkenntnis physikalischer Eigenschaften und Beziehungen objektiv-realer Erscheinungen. Materielle Modelle dienen in Modellexperimenten als materielle Repräsentanten von räumlich oder zeitlich nicht zugänglichen Objekten bzw. Prozessen oder werden angewendet, wenn aus ökonomischen oder humanen Gründen Experimente am Original nicht möglich sind.

Ideelle Modelle haben große Bedeutung für Theorienbildungsprozesse.

> Unter einer *Theorie* wird, als historisch begrenzte, relative geistige Reproduktion des Konkreten in der Erkenntnis, im weiteren allgemein die Erklärung objektiver Erscheinungen durch die Zusammenfassung der erkannten wesentlichen Beziehungen und Gesetze zu einem Gesetzessystem mit den entsprechenden Existenzbedingungen verstanden.[26]

Vom Experiment zur Theorie, von der Theorie zum Experiment existiert in der Wissenschaft kein einfacher, geradliniger, ein für allemal vorgegebener Weg. Theorienbildung war und ist auf verschiedenen Wegen möglich und nicht immer gehen Experimente unmittelbar der Bildung neuer Theorien voraus.

Die Untersuchung der „Bindeglieder“ zwischen Experiment und Theorie — Analogieschluß, Hypothese Modell, Gedankenexperiment —, wie sie speziell in Kapitel 4 vorgenommen wird, ist für die Frage nach der Art und Weise der Theorienbildung und -interpretation von Wichtigkeit und gibt Auskunft über die dialektischen Beziehungen zwischen erkennendem Subjekt und zu erkennendem Objekt, führt zur Präzisierung der marxistisch-leninistischen Auffassungen über den wissenschaftlichen Erkenntnisprozeß.[27]

Mit der Anwendung der Modellmethode in der Physik und mit Versuchen, Erkenntnisse über diese Anwendung auch für andere Wissenschaften fruchtbar zu machen[28], ist die Nutzung wissenschaftlicher Reduktionen verbunden (Kapitel 5). Dieser Problemkreis kann in seiner Bedeutung für den wissenschaftlichen Erkenntnisprozeß insbesondere in anderen Wissenschaften hier nur andiskutiert werden und bedarf noch weiterer Forschungen.

2. Historische und philosophische Aspekte des Modellbegriffs

Modelle sind eines der Mittel der Erkenntnistätigkeit des Menschen, die im wissenschaftlichen Erkenntnisprozeß zur tieferen Erkenntnis des Wesens objektiver Erscheinungen bzw. zur besseren Beherrschung der Wirklichkeit benutzt werden. Sie sind aber gleichfalls Teil- oder (relative) Endergebnisse von Forschungsprozessen und stellen damit bestimmte Formen der Erkenntnis bzw. deren materielle Realisierung dar. Die Anwendung von Modellen in den Naturwissenschaften im 20. Jahrhundert, speziell in der Physik, findet in der Geschichte der Wissenschaften bereits in früherer Zeit ihre Entsprechung. Die Entwicklung der Physik u. a. Wissenschaften hat aber gerade im 20. Jahrhundert zu einer qualitativen wie quantitativen Veränderung geführt: Charakter und Inhalt der Modelle haben sich entsprechend neuer Gebiete der Erkenntnis gewandelt. Die Methoden der Arbeit mit Modellen haben sich durch die Entwicklung neuer Zweige der Mathematik, die Anwendung der Rechentechnik u. a. verändert, wie auch die Auffassungen darüber, was eigentlich Modelle darstellen und welche Beziehungen sie zu den untersuchten objektiv-realen Erscheinungen haben. Betrachtet man die Geschichte der Physik von unserem heutigen Standpunkt aus, so kann man entscheidende Entwicklungsphasen bei der Anwendung von Modellen in der physikalischen Forschung erkennen, die engstens mit der Entwicklung der Physik selbst, der Entstehung und Herausbildung ihrer Theorien und Methoden verbunden waren. Kann man aber heute feststellen, ob die einzelnen verwendeten Vorstellungen tatsächlich von ihren Schöpfern auch als Modelle (in unserem heutigen Verständnis) angesehen wurden?

2.1. Modelle in der Geschichte der Physik

In der frühen Geschichte des wissenschaftlichen Denkens, der Entstehung der Wissenschaften, gab es viele Versuche, den Ursprung der die Menschen umgebenden Erscheinungen zu klären. Dies geschah z. T. noch in enger Verbindung mit mythisch-religiösen Auffassungen, jedoch auch schon in Auseinandersetzung mit religiösen Vorstellungen (z. B. durch Epikur). Mit den Erfahrungen aus astronomischen Beobachtungen und ihrer Anwendung für die Navigation sowie die Bestimmung der Jahreszeiten usw., durch die Nutzung erster mathematischer Überlegungen, empirisch gefundener physikalischer Gesetze und anderes mehr, lagen den Naturphilosophen des alten Griechenland bereits Kenntnisse aus ihrer und anderen Hochkulturen vor, die die übliche Alltagserfahrung des gesellschaftlichen Zusammenlebens der Menschen bereicherten. Sie gingen (oft vermittelt) in zahlreiche philosophische Überlegungen ein. Vorstellungen über den Urgrund der Dinge, wie sie z. B. im 6. Jahrhundert Thales von Milet, Anaxagoras u. a. entwickelten, die versuchten, die Welt rational zu erklären, stellten die Basis für die Auffassungen der griechischen Atomisten dar. Engels wies im Zusammenhang mit der Untersuchung der materialistischen Anschauungen unter den griechischen Denkern der Antike in seinem Werk „Dialektik der Natur" darauf hin, daß materialistische Naturanschauung nichts heiße als „einfache Auffassung der Natur so, wie sie sich gibt, ohne fremde Zutat, und daher verstand sie sich bei den griechischen Atomisten ursprünglich von selbst“[1].

LEUKIPP (um die Mitte und die 2. Hälfte des 5. Jahrhunderts v. u. Z.), DEMOKRIT (um 460—360 v. u. Z.) sowie EPIKUR (341—270 v. u. Z.) bemühten sich, in Überwindung der ZENONschen Vorstellungen, daß es keine Teilbarkeit des Seins geben könne, weil die Teilbarkeit des Seins bis ins Unendliche zum Nichtsein führe,[2] ein rationales Weltbild zu entwerfen, in dem durch die Existenz, Wirbelbewegung und Vermischung der Atome alles andere entstehe. ARISTOTELES kommentierte in seinem Werk „Metaphysik“ die Lehre der Atomisten: „Leukippos und sein Anhänger Demokrit erklären zu Elementen das Volle und das Leere, wobei sie das eine als seiend, das andere als nichtseiend bezeichnen, und zwar von den Elementen das Volle und Feste als seiend, das Leere und Lockere als nichtseiend. Deshalb sagen sie auch, daß das Seiende um nichts mehr existiere als das Nichtseiende, wie auch das Leere nicht minder existiere als das Körperliche. Sie seien, als Materie die Ursache des Seienden. Und wie diejenigen, die die zugrunde liegende Substanz als eine einzige setzen, das übrige aus deren Veränderungen entstehen lassen, indem sie das Lockere und das Feste zum Ausgangspunkt der Veränderungen machen, so behaupten auch diese Philosophen (Leukippos und Demokrit), daß die Unterschiede (im Bereich der Primärkörper) Ursache für alles übrige sind. Solche Unterschiede gebe es drei: Gestalt, Lage und Anordnung. Das Seiende unterscheide sich nämlich nur durch Gestaltung, Berührungsweise und die Weise des sich Wendens ...“ (ARISTOTELES, Metaphysik 1, 4, 985 b 4 ff.)[3]. Dieser Versuch der Atomisten, die Welt mittels ihrer Grundvorstellungen zu erklären, führte zu folgender Konsequenz: „Leukippos, Demokrit und Epikur (Frg. 382 Us.) lehren, die Welt sei nicht beseelt und werde von keiner Vorsehung gelenkt, sondern sei ihrer Natur nach vernunftlos; sie bestehe aus Atomen“ (AETIUS 2, 3, 2)[4] und weiter entstehe durch die Wirbelbewegung der Atome nicht nur die Mannigfaltigkeit der Welt, sondern unendlich viele Welten die nebeneinander und nacheinander existieren. Diese Auffassungen wurden auch auf das Denken übertragen.[5]

EPIKUR konnte die Atomvorstellungen DEMOKRITS wesentlich weiterentwickeln und führte beispielsweise neben der Gestalt und Größe der Atome ihre Schwere als Grundeigenschaft ein, womit er, wie ENGELS hervorhob, die Entdeckung des Atomgewichts auf seine Weise vorhersah[6]. EPIKUR benutzt erstmalig in bezug auf die Atome auch den Begriff der mathematischen Teilbarkeit. TITUS LUCRETIUS CARUS (LUKREZ, um 98–55 v. u. Z.) ließ geringfügige Abweichungen der Atome von ihren Bahnen zu. Während bei DEMOKRITS Vorstellungen noch eine Überbetonung der Notwendigkeit vorliegt, entwickelten LUKREZ und vor ihm auch schon EPIKUR Auffassungen, in denen die Objektivität zufälliger Erscheinungen anerkannt wird. Für EPIKUR ist dies bereits notwendiger Bestandteil seiner Vorstellungen.[7]

Diese Weiterentwicklung der atomistischen Konzeption hatte zur Folge, daß ihre Grundprobleme und Erkenntnisfortschritte in der späteren Entwicklung der Physik, insbesondere auch in unserem Jahrhundert, wenn auch in neuem Gewand, dem Fortschritt der Wissenschaft entsprechend, neu aufgegriffen wurden. Die Grundvorstellung der Existenz elementarer Bausteine der uns umgebenen Dinge und Erscheinungen erwies sich für die Entwicklung der modernen Physik als fruchtbar, auch wenn die Frage nach der Existenz wirklich letzter Bausteine heute durch die Hochenergiephysik anders gestellt wird[8]. Die Anerkennung der Objektivität des Zufalls in den frühen Vorstellungen von EPIKUR und LUKREZ führte von dieser philosophischen Grundlage letztlich zur Entwicklung und Anwendung statistischer Methoden der Forschung.

Die Atomvorstellungen der Griechen stellten einen kühnen, im Wesen materialistischen Entwurf dar. Die Existenz der Atome an sich konnte durch Beobachtungen und Experimente noch nicht erwiesen werden. Sie entwickelten ihre Vorstellungen durch die Extrapolation von Kenntnissen über einzelne Naturvorgänge auf alle anderen Erscheinungen einschließlich des Denkens. Das erforderte jedoch für den damaligen Entwicklungsstand des wissenschaftlichen Denkens ein relativ hohes Abstraktionsvermögen. Ob aber DEMOKRIT u. a. glaubten, daß die Wirklichkeit ihren Atomvorstellungen (bzw. bei anderen Gelehrten deren Auffassungen über einen heliozentrischen oder geozentrischen Bau des Sonnensystems u. ä.) tatsächlich genau entsprach, ist heute schwer zu entscheiden. Von unserem Standpunkt aus können wir die Atomvorstellung der Griechen, insbesondere die EPIKURS und die des LUKREZ aber als erste „Modelle" der *Materiestruktur* betrachten, auch wenn sie als Modelle den strengen Anforderungen unserer heutigen Physik kaum genügen können. Wenn man in diesem Zusammenhang untersucht, inwiefern wesentliche Beziehungen und Eigenschaften realer Atome in diesen Modellen erfaßt wurden, so sind sie sicher erst als Anfangsschritte beim Aufsteigen der Erkenntnis zur Erfassung des Wesens im geistig reproduzierten Konkreten anzusehen.

In dieser Zeit der Herausbildung erster Anfänge des wissenschaftlichen Denkens begann gleichfalls die Entwicklung experimenteller wie theoretischer Methoden der Naturwissenschaft. Dies belegen beispielweise die Experimente des ARCHIMEDES (etwa 285—212 v. u. Z.), oder die Versuche, mathematische Beziehungen zur Beschreibung physikalischer Erscheinungen zu benutzen (z. B. die Anwendung der Mathematik auf die Mechanik, soweit Zusammenhänge erkannt waren, durch ARCHIMEDES).

Eine entscheidende Wende in der Entwicklung der Physik vollzog sich mit den Forschungen G. GALILEIS. Er konnte sich bereits auf zahlreiche experimentelle wie theoretische Vorarbeiten anderer Forscher stützen, benutzte jedoch erstmalig bewußt Idealisierungen und idealisierte Objekte im wissenschaftlichen Erkenntnisprozeß und erreichte damit eine *höhere Qualität* physikalischtheoretischen Denkens. Gleichzeitig leistete er wesentliche Beiträge zum Fortschritt der experimentellen Methode.[9]

Wurden vorher ideelle Modelle in der Forschung unbewußt verwendet, so kann man sagen, daß es nach Galilei zu einer zunehmend methodisch bewußteren Anwendung von materiellen wie ideellen Methoden kam. Mit der Entwicklung der klassischen Mechanik durch Newton und seine Nachfolger wurde dann ein Modell, das Massenpunktmodell, zum integralen Bestandteil einer Theorie.

Atommodelle wurden unter dem Gesichtspunkt erkannter mechanischer Gesetze besonders im 17. Jahrhundert aufgestellt. Man benutzte in zahlreichen Zweigen der sich entwickelnden Physik Modelle mit gutem Erfolg. Die Verwendung dieser Methode erwies sich als fruchtbar. Einerseits wurde sie als wissenschaftliche Methode notwendig, führte aber zugleich auch zu überspitzten Folgerungen. Im 19. Jahrhundert waren manche Physiker sogar der Auffassung, daß ein Naturvorgang erst dann richtig begriffen werden könnte, wenn man ihn mittels eines mechanischen Modells erläuterte. So meinte beispielsweise W. Thomson (Lord Kelvin), daß „der wahre Sinn der Frage: ‚verstehen wir jenen Gegenstand oder verstehen wir ihn nicht‘ folgender ist: können wir ein entsprechendes mechanisches Modell konstruieren? Ich bin nie zufrieden, solange ich kein mechanisches Modell des Objektes, welches ich studiere, herstellen kann. Wenn ich ein solches konstruieren kann, dann verstehe ich die Sache, wenn ich aber kein mechanisches Modell konstruieren kann, so verstehe ich die Sache nicht“.[10]

Gerade dieses Jahrhundert brachte zahlreiche mechanische Modelle kompliziertester Konstruktion hervor. In voller Konsequenz wurden die Grenzen ihrer Anwendung erst an der Wende zum 20. Jahrhundert bzw. in den ersten Jahrzehnten unseres Jahrhunderts deutlich. In der Geschichte der Wissenschaft wiederholte sich vielmals, daß mit dem Erkenntnisfortschritt die alten Vorstellungen auf Grenzen stoßen. Im Zusammenhang mit der Anwendung mechanischer Modelle im 19. Jahrhundert ergab sich jedoch ein tiefergehendes erkenntnistheoretisch-methodologisches Problem.

Hatten sich die Schöpfer der Mechanik, GALILEI, NEWTON u. a., darauf beschränkt, mechanische Erscheinungen zu erklären – nach ENGELS mußte die Untersuchung der Natur der Bewegung natürlich von den niedrigsten, einfachsten Formen dieser Bewegung ausgehen und diese begreifen lernen, erst dann konnte sie bei der Erklärung der höheren und verwickelteren Formen etwas leisten[11] –, so änderte sich dies mit den Erfolgen der Mechanik. Bis zur Entwicklung von Thermodynamik, Elektrodynamik und darüber hinaus bestand bei vielen Physikern die Illusion, es sei möglich, die Naturerscheinungen restlos mittels der klassischen Mechanik zu begreifen und zu erklären. Damit im Zusammenhang stand die Auffassung, daß mechanische Modelle die Naturerscheinungen vollständig und allseitig widerspiegeln, bzw. zur Interpretation entsprechender (auch der sich noch entwickelnden) physikalischer Theorien völlig ausreichen, das Wesen dieser physikalischen Erscheinungen also voll erfassen. Diese Illusion wurde durch die im 18. und 19. Jahrhundert äußerst fruchtbare Wechselwirkung von mechanischer Physik und technischer Praxis gestützt (Entwicklung der Drehwaage, Dezimalbrückenwaage, hydraulische Presse usw. usf.).

Mechanische Atomvorstellungen und die entsprechenden Modelle spielten in der kinetischen Gastheorie (bereits im 18. Jahrhundert D. BERNOULLI), in der Kristallographie, in der Chemie u. a. Gebieten bzw. Wissenschaftszweigen des 19. Jahrhunderts eine wichtige, die Entwicklung auf diesen Gebieten stimulierende Rolle. Es war notwendig, zu versuchen, die Konsequenzen der klassischen Mechanik voll auszuschöpfen, sie und ihre Modelle mittels evtl. nur kleiner Abwandlungen zur Erklärung möglichst vieler physikalischer Erscheinungen heranzuziehen. Wert oder Unwert dieser Modelle konnten sich oftmals erst in einem langen Prozeß der Forschung herausstellen. Manche dienten, obgleich ihre Grenzen erkannt wurden, noch lange der Veranschaulichung bzw. Demonstration bestimmter Erscheinungen oder ihrer theoretischen Erklärungen. Die Überbetonung der Rolle mechanischer Modelle begann, wenn behauptet wurde, daß sie eine vollständige und allseitige Erklärung aller Naturerscheinungen geben könnten.

Die Erfolge der klassischen NEWTONschen Mechanik in der Physik, die Tatsache, daß eine vollständige, abgeschlossene physikalische Theorie mit ihrem mathematischen Apparat zur Verfügung stand, hatten überzeugt. Sie war durchaus in der Lage, eine Vielzahl objektiver Erscheinungen zu erklären und hatte auch fruchtbare Ergebnisse für die gesellschaftliche Praxis gebracht. Dies macht verständlich, warum zunächst versucht wurde, ebenfalls die thermodynamischen und elektrodynamischen Erscheinungen mittels der Mechanik und ihrer Modelle zu erklären. Um so mehr wird dies verständlich, berücksichtigt man, daß die mathematisierten Grundideen der NEWTONschen Gravitationstheorie am Anfang des 19. Jahrhunderts auch für die Elektrostatik (COULOMBsches Gesetz) und für die Erklärung des Magnetismus herangezogen werden konnten. Als in der Mitte des Jahrhunderts die kinetische Gastheorie entwickelt wurde, schien dies die herrschenden Vorstellungen weiter zu stützen.

Die Methode, Unbekanntes mit Hilfe des bereits Bekannten zu veranschaulichen und in bestimmter Beziehung zu erklären, spielte auch hier eine wichtige Rolle. Nur meinte man, das noch Unbekannte entspreche in bestimmten Grundqualitäten dem bereits Bekannten, habe ebenfalls mechanische Ursachen. Im Prozeß der Forschung kam es im weiteren in dieser Beziehung offensichtlich zu Widersprüchen. So weist SCHREIER darauf hin, daß KIRCHHOFF 1857 eine Telegraphengleichung aus elektrischen Grundgleichungen herleitete, deren Lösung die wellenförmige Ausbreitung der Elektrizität mit Lichtgeschwindigkeit in Drähten antizipierte. Da mechanische und thermodynamische Erscheinungen durch mathematische Beziehungen gleicher Struktur beschrieben werden konnten, beschränkt sich KIRCHHOFF bei der Interpretation des Ergebnisses seiner Rechnung auf mechanische und thermodynamische Analogien. Diese Tendenz zeigte sich auch bei NEUMANN und WEBER[12].

Offenbar meinten einige Physiker jener Zeit, wenn man gleiche mathematische Strukturen zur Beschreibung bestimmter Seiten verschiedener Erscheinungen heranziehen könne, daß dann auch die objektiven Erscheinungen in wesentlichen Beziehungen übereinstimmen müßten. Dieser Schluß führte zur Folgerung, die Erscheinungen könnten im wesentlichen auf eine einheitliche Basis der Erklärung, in diesem Fall die klassische Mechanik, zurückgeführt werden. Geringfügige Korrekturen seien dabei jedoch noch zugelassen.

Man meinte nun, daß den benutzten mathematischen Strukturen und physikalischen Modellen *direkt* etwas in der Wirklichkeit entsprechen müsse. Diese Auffassungen folgten aus einem (mehr oder weniger bewußten) mechanistischen Verständnis des Erkenntnisprozesses der Wissenschaften, speziell der Physik. Erkenntnis wurde als „Spiegelung" der Wirklichkeit angesehen. Der konstruktive, schöpferische Charakter menschlicher Erkenntnis wurde hier nicht beachtet, obgleich für eine solche Erkenntnis auch in den Vorstellungen mancher Naturwissenschaftler Ansätze vorhanden waren (ganz abgesehen von Ergebnissen objektiv-idealistischer Philosophie für das tiefere Verständnis des Erkenntnisprozesses).

Die Grenzen der Mechanik konnten erst bei Anwendung ihrer Prinzipien auf neue Erscheinungsformen der Materie aufgedeckt werden. In der Geschichte der Physik stellte dies einen langwierigen, auf mehreren Gebieten verlaufenden Prozeß dar. Damit ging einher die Aufdeckung der Schranken mechanischer Modelle, wobei man den heuristischen Wert mancher Modelle, bei Beachtung aller Probleme ihrer Anwendung, nicht außer acht lassen sollte.

Der Prozeß der Überwindung der Grenzen mechanischer Modelle läßt sich am Beispiel der Entwicklung der Atommodelle Ende des 19./Anfang des 20. Jahrhunderts verdeutlichen. Bereits am Anfang des 19. Jahrhunderts hatte der englische Gelehrte W. PROUT aus dem ganzzahligen Verhältnis der Atomgewichte der Elemente bezogen auf Wasserstoff geschlossen, alle Elemente bestünden aus Wasserstoffatomen. Weitere Experimente mit genaueren Messungen im 19. Jahrhundert zeigten die Unzulänglichkeiten dieser Hypothese. Die Entwicklung des Periodensystems der Elemente wies auf den inneren Zusammenhang zwischen den Elementen hin. Versuche, ein Atommodell zu entwerfen, das in seinen Grundzügen für alle Elemente Gültigkeit hatte, waren dadurch legitimiert, wobei aber gerade am Anfang des 20. Jahrhunderts von einigen Wissenschaftlern (z. B. OSTWALD), die Existenz der Atome noch angezweifelt wurde. Wurde die reale Existenz von Atomen überhaupt angezweifelt, so führte diese Haltung zum Agnostizismus. Ein Standpunkt, der an dem mechanischen Wesen realer Atome Zweifel hervorrief, wäre dagegen um die Jahrhundertwende, nach den Entdeckungen der letzten Jahre des 19. Jahrhunderts berechtigt gewesen und setzte sich (langsam) in den ersten 20 Jahren des 20. Jahrhunderts bei der Entwicklung der Atommodelle auch durch.

Auf der Grundlage der Entdeckungen am Ende des 19. Jahrhunderts (Elektron, Radioaktivität u. a.) wurde, nach früheren Versuchen von LORENTZ (1896), LENARD (1902) u. a., von W. THOMSON und J. J. THOMSON ein Modell des Atomaufbaus aufgestellt, das trotz seiner Unzulänglichkeiten einen gewissen positiven Einfluß auf die weitere Entwicklung entsprechender Modelle hatte. PERRIN (1901) und NAGAOKA (1903) schlugen planetare Modelle des Atoms vor. Doch bereits 1905 verwies WIEN auf die Grenzen derartiger Modelle. Ein magnetisches Modell stellte 1908 RITZ auf.

1909—1910 führten RUTHERFORD und seine Mitarbeiter ihre experimentellen Untersuchungen durch, in deren Ergebnis RUTHERFORD 1911 sein Atommodell formulierte, das im klassischen Sinne anschaulich war — bewußt wurde im Modell die Analogie des Aufbaus des Sonnensystems genutzt — und die experimentellen Ergebnisse zum Teil erklären konnte. Ebenfalls, wie die Mehrzahl seiner Vorgänger, ging RUTHERFORD beim Entwerfen seines Modells von mechanischen Vorstellungen aus. Er nahm an, daß sich im Atom zwischen Atomkern, in dem der größte Teil der Masse des Atoms vereinigt ist, und den Elektronen Zentrifugalkräfte und COULOMBsche Anziehungskräfte das Gleichgewicht halten. Die Existenz stabiler Atome konnte aus diesem Modell nicht erklärt werden. Warum strahlt aber ein sich um den Kern bewegendes Elektron, das mit diesem zusammen einen elektrischen Dipol darstellt, nicht ständig Energie ab? Die Arbeit mit dem Modell zeigte seine Unzulänglichkeiten, die auch RUTHERFORD durchaus sah.[13] N. BOHR suchte die Schwierigkeiten des Modells, seine Widersprüche zu überwinden. Das gelang teilweise, indem er einen neuen Weg einschlug und die PLANCKschen Vorstellungen vom Wirkungsquantum mit dem RUTHERFORDschen Atommodell verband. Seit 1912 arbeitete er an der Aufstellung des neuen Modells. Er stützte sich auf die reichhaltigen Beobachtungsergebnisse der Spektroskopie. Die BOHRschen Postulate lauten unter Berücksichtigung der PLANCKschen Beziehung

$$E = h\nu \tag{1}$$

(h — PLANCKsches Wirkungsquantum):

1. Stationäre Bahnen sind nur möglich, wenn der Betrag des Bahndrehimpulses (Masse × Geschwindigkeit × Bahnradius) gleich einem ganzzahligen Vielfachen des PLANCKschen Wirkungsquantums h ist, also (in der SOMMERFELDschen Schreibweise)

$$\oint p \, \mathrm{d}q = nh \tag{2}$$

(p — Impuls, q — Koordinate, $n = 1, 2, \ldots$).

2. Die sich auf diesen Bahnen bewegenden Elektronen senden keine Energie aus, sondern nur beim Übergang

von einer höheren auf eine niedrigere Bahn, also allgemein gilt

$$E_n - E_m = \Delta E_{n,m} = h\nu_{n,m} \tag{3}$$

($n = 1, 2, \ldots; m = 1, 2, \ldots$).

Das BOHRsche Modell war bei der Berechnung von energetischen Zuständen des Wasserstoffatoms erfolgreich, zeigte jedoch bereits Schwierigkeiten für das Verständnis der experimentell ermittelten Feinstruktur, und war für Mehrelektronensysteme nicht anwendbar. SOMMERFELD verfeinerte das Modell und berechnete Ellipsenbahnen für die Elektronen. 1916 folgte die Theorie des normalen ZEEMANeffektes und durch P. EPSTEIN die Theorie des STARKeffektes, die durch ihre gute Übereinstimmung mit den Ergebnissen aus Experimenten und Beobachtungen die BOHRschen Postulate rechtfertigten.

Diese Weiterentwicklung des BOHRschen Modells durch SOMMERFELD ist um so interessanter, als SOMMERFELD noch 1913 in einem Brief an BOHR seine skeptische Haltung gegenüber den Atommodellen nicht völlig aufgab dabei jedoch die durchgeführte Berechnung der RYDBERGkonstante R hoch anerkannte[14].

Im Rahmen des BOHR-SOMMERFELDschen Modells konnten die BOHRschen Postulate *nicht begründet* werden. Ihre Begründung fanden sie erst in der Mitte der 20er Jahre aufgestellten Quantenmechanik aus den Eigenschaften der Lösung der Bewegungsgleichungen der Wellenmechanik.

Obgleich das BOHR-SOMMERFELDsche Atommodell die engen Grenzen der klassischen Mechanik und auch der Elektrodynamik überschritt, gelang es noch nicht, über ein quasiklassisches Modell herauszukommen. Damit stellte dieses Modell einen Zwischenschritt dar[15], es konnte noch nicht zu einer befriedigenden Theorie führen, zur Synthese, zur geistigen Reproduktion wesentlicher erkannter Beziehungen realer Atome. Jedoch spiegelte es durchaus — gerade das zeigten auch die Erfolge bei seiner Anwendung — bereits wesentliche Beziehungen wider.

Er stellt damit *eine Stufe* beim Aufsteigen zum geistig reproduzierten Konkreten dar. Als ein relatives Endergebnis dieses Prozesses ist zweifellos die Vollendung der Quantenmechanik in der Fassung als Matrizenmechanik durch HEISENBERG und der Wellenmechanik durch SCHRÖDINGER sowie die BORNsche statistische Interpretation der ψ-Funktion anzusehen. Der Wellenmechanik entspricht das wellenmechanische Atommodell, das Wellen- und Teilchenbild für das Elektron widerspruchsfrei miteinander verband. Als erfolgreichstes Modell der Atomhülle erwies sich inzwischen das Modell der unabhängigen Elektronen, das in der Praxis bei der Berechnung der Zustände der Atomhülle mittels Näherungsverfahren genutzt wird. Daneben existieren eine Reihe anderer Modelle[16]. Betrachtet man den gegenwärtigen Zustand, so stellt man fest, daß eine Anzahl verschiedener Modelle existieren, die unterschiedliche Eigenschaften und Beziehungen der Atomhülle beschreiben, in ihrer Gesamtheit den heutigen Erkenntnisstand widerspiegeln. Eine ähnliche Situation haben wir auch in anderen Bereichen, beispielsweise bei der Untersuchung des Atomkerns, wobei interessant ist, daß bewußt Analogien aus dem Bereich der Untersuchung der Atomhülle zum Aufbau entsprechender Modelle des Atomkerns genutzt werden (Schalenmodell!), ohne daß damit eine vollständige Reduktion der Physik des Atomkerns auf die der Hülle erfolgt. Es entstanden eine Anzahl verschiedener Modelle, die zueinander komplementär sind (so entstanden beispielsweise Tröpfchen- und Schalenmodell aus gegensätzlichen Grundannahmen), d. h., die sich gegenseitig ausschließen, aber zusammen ein — auf dem jeweiligen historisch begrenzten Erkenntnisstand — relativ vollständiges „Bild" der jeweiligen Erscheinung geben.

LANDAU und SMORODINSKIJ verwiesen darauf, daß kein einfaches Modell alle Eigenschaften eines solch komplizierten Quantensystems wie des Kerns geben könne. Deshalb müsse jedes beliebige Modell mit Notwendigkeit eine beschränkte Anwendung haben. Man solle sich nicht wundern, wenn verschiedene Bereiche der Erscheinung für ihre Beschreibung verschiedene Modelle benötigen, die sich manchmal sogar in ihren Eigenschaften gegenseitig ausschließen[17].

Ähnliches läßt sich in anderen Bereichen der Physik wie z. B. der Festkörperphysik nachweisen. Gleichfalls finden wir in der Kosmologie heute eher eine Modellvielfalt. Oftmals existieren jedoch in den unterschiedlichen Bereichen unter diesen Modellen auf Grund heutiger experimentelle oder theoretischer Erkenntnisse durch einzelne Forschungsrichtungen bevorzugte Modelle, die die Tendenz der entsprechenden Forschungen kennzeichnen (z. B. in der Hochenergiephysik der letzten 30 Jahre!). Alle diese Erscheinungen haben durch die gegenwärtige Situation in der Physik geprägte Gründe. Man muß unterscheiden, ob eine Vielzahl von Modellen auf faktisch einer theoretischen Grundlage benutzt wird, um theoretische Ergebnisse praktisch zu nutzen wie z. T. in der Festkörperphysik, oder ob ein Zweig auf dem Weg zu einer entsprechenden Theorie ist (Elementarteilchenphysik).

Untersuchen wir wissenschaftliche Forschungsprozesse, so gibt es in den Phasen ihrer Entwicklung miteinander konkurrierende Modelle bzw. Modelle, die allgemein anerkannt wurden. Folgt man in diesem Zusammenhang LANDAU und SMORODINSKIJ in ihrer Auffassung, so ist auf vielen Gebieten eine Modellvielfalt wegen der Kompliziertheit der Erkenntnis der untersuchten Erscheinungen zumindestens noch heute völlig natürlich und durchaus kein Mangel der Erkenntnis, sondern Ausdruck der Dialektik des Erkenntnisprozesses. Ausdruck der Dialektik des Erkenntnisprozesses ist diese Situation, insofern sie den schwierigen Weg der Widerspiegelung der einzelnen wesentlichen Eigenschaften und Beziehungen der Erscheinungen in unseren theoretischen Vorstellungen, beim Aufsteigen von unseren Abstraktionen zur (historisch stets relativen) „vollen“ Erfassung des Wesens der Erscheinungen im geistig reproduzierten Konkreten bzw.

zur praktischen Nutzung der theoretischen Erkenntnis darstellt.

In diesem Zusammenhang erscheinen der Aspekt der Konkurrenz und insbesondere der der Komplementarität (im starken = ausschließenden und im schwachen = sich „überschneidenden" Sinne) als wichtige erkenntnistheoretisch-methodologisch relevante Beziehungen ideeller Modelle im physikalischen Erkenntnisprozeß sowie ihrer Funktionen im Prozeß der Theorienbildung, unter Berücksichtigung der oben genannten Aspekte als *wesentliche qualitative* Merkmale der gegenwärtigen Nutzung der Modellmethode in der Physik.

2.2. *Objektive Analogien und Analogieschluß*

Betrachtet man Wellenvorstellungen der Physik, so wurden diese zunächst bezogen auf die mehr oder weniger großen Ähnlichkeiten mit Oberflächenwellen auf Wasser entwickelt und waren durch ähnliche objektive Eigenschaften praktisch begründet. Elastische und unelastische Stöße werden oftmals mit Stößen von Billardkugeln verglichen usw. usf.

Zwei qualitativ verschiedene Objekte oder Prozesse ideeller oder materieller Natur können offensichtlich miteinander verglichen werden, wenn zwischen ihnen in einer oder mehreren, qualitativen oder quantitativen Eigenschaften oder Beziehungen in gewisser Hinsicht Übereinstimmungen oder Ähnlichkeiten existieren. Das wurde in der Physik relativ früh erkannt. Die mathematisierten Beziehungen der Ähnlichkeit werden heute für die Modellierung materieller Modelle in Bereichen der Physik, Biophysik, Technik u. a. genutzt[18]. In der Geschichte gab es zahlreiche Beispiele dafür, daß Schöpfer von Modellen die Ähnlichkeitskriterien nicht kannten und sie deshalb auch nicht benutzten. WENIKOW meint, daß in den Anfängen der technischen Modellierung so vorgegangen wurde und die Situation gegenwärtig noch vor allem auf den Gebieten der Biologie oder Medizin, wo man Mathematik aus verschiedenen Gründen noch nicht umfassend anwenden könne, ähnlich sei.[19]

Bei der Schaffung ideeller Modelle und anderer theoretischer Vorstellungen werden solche Übereinstimmungen genutzt, z. B. bezüglich der mathematisierten Erfassung von Sachverhalten (vgl. die mathematisierte Fassung des NEWTONschen Gravitationsgesetzes und die des COULOMBschen Gesetzes!).

> „Analogien beruhen auf objektiv existierenden gemeinsamen Strukturen, Funktionen, Eigenschaften qualitativ unterschiedlicher Systeme. Die Grenzen der Analogie ergeben sich aus den Systemgesetzen.“[20]

Die Analogie wird also als eine Ähnlichkeit oder Übereinstimmung unterschiedlichen Grades hinsichtlich bestimmter Beziehungen oder Eigenschaften materieller oder ideeller Objekte bzw. Prozesse gekennzeichnet. Im Grenzfall geht die Analogie in Identität über. In der wissenschaftlichen Erkenntnis geht es jedoch überhaupt nicht um die identische Reproduktion des Untersuchungsgegenstandes als vielmehr um die Erkenntnis seiner wesentlichen Beziehungen. Daher soll der Grenzfall der Identität hier nicht interessieren. G. KLAUS unterscheidet *strukturelle* und *funktionelle* Analogien. Strukturelle Analogien liegen bei völliger oder teilweiser Übereinstimmung der Struktur zweier Systeme (unabhängig von ihrer stofflichen Beschaffenheit) vor. Die einfachste strukturelle Analogie kann man aufzeigen, wenn zwischen zwei Systemen Beziehungen der geometrischen Ähnlichkeit bestehen. Von funktioneller Analogie spricht man, wenn sich zwar zwei Systeme in bezug auf ihren strukturellen Aufbau unterscheiden können, jedoch hinsichtlich realisierbarer Funktionen übereinstimmen.

Analogien (Ähnlichkeit) zwischen zwei Systemen gibt es nach KLAUS zwischen Systemen auf vier Ebenen: 1. auf der Ebene der Resultate, die die verglichenen Systeme erzielen; 2. auf der Ebene des Verhaltens oder der Funktionen, die zu diesen Resultaten führen; 3. auf der Ebene der Strukturen, die die Erfüllung dieser Funktionen ermöglichen; 4. auf der Materialebene oder Ebene der Elemente, aus denen die Strukturen bestehen.[21]

Im Modell gibt es keine gleichzeitige Übereinstimmung auf allen vier Ebenen, denn es geht *nicht* um die *identische* Reproduktion des Untersuchungsgegenstandes im Modell, sondern um die Hervorhebung einzelner oder einiger wesentlicher Bestimmungen, um dem angestrebten Zweck der Modellierung gerecht werden zu können. Nur in diesem Sinne können Modelle zur tieferen Erfassung des Wesens der Erscheinungen in allgemeinen Modellen oder bereits zu Theorien über den Untersuchungsgegenstand beitragen. Übereinstimmung auf allen vier Ebenen und in allen Punkten hieße nichts anderes, als daß der Untersuchungsgegenstand in seiner Totalität wesentlicher und unwesentlicher Beziehungen im ideellen Modell widergespiegelt würde — ein Prozeß, der kein Ende hätte. Außerdem wäre die theoretische Reproduktion der wesentlichen Beziehungen im geistig Konkreten mit Hilfe der Modellbildung ausgeschlossen.

Uemov zeigt, daß sich noch eine weitaus größere Zahl von Analogiebeziehungen und entsprechend 51 Arten verschiedener Analogieschlüsse angeben lassen[22], so daß man die Klausschen Vorstellungen noch weiter zu differenzieren hat. Hörz hebt hervor, daß zur Untersuchung eines Erkenntnisobjektes ein analoges Objekt gesucht oder konstruiert wird, mit dem experimentiert und das analysiert werden kann. Im Rahmen der Analogie werden die erzielten Erkenntnisse direkt auf die gesetzmäßigen Beziehungen des Objektes bezogen, die jedoch am Objekt selbst noch zu überprüfen sind[23]. In diesem Zusammenhang wird die Bedeutung der Homologie gleichfalls hervorgehoben.

Im philosophischen Sinne versteht man darunter die Existenz einer Grundqualität (eines Grundtyps), die verschiedene Erscheinungsformen besitzt. Als andere

Qualitäten einer Grundqualität können sie sich äußerlich in Struktur und Funktion unterscheiden. Dabei muß man historisch-genetisch entstandene Qualitäten einer Grundqualität (Mensch – verschiedene Rassen) von solchen homologen Beziehungen unterscheiden wie beispielsweise die verschiedenen Metalle oder Halbleiter usw. Bereits in einfachen Klassifikationsschemata können solche Homologien verborgen sein, ohne daß man bereits unter Verzicht auf weitere Abstraktionsprozesse zu tieferen gemeinsamen wesentlichen Beziehungen vorstoßen könnte.

Im weitesten Sinne (siehe Modelldefinition in 1.1.) könnte man die Homologien den Analogien als Spezialfall zuordnen. In der konkreten Untersuchung muß man jedoch ihre Spezifik (besonders bei historisch-genetischen Beziehungen) betonen.

Die Nutzung der Analogien im weitesten Sinne ist für die Modellbildung fruchtbar, besonders dann, wenn von bereits vorliegenden Erkenntnissen auf neue Bereiche geschlossen werden kann.

Der Analogie*schluß* kann als eine Form wissenschaftlicher Reduktionen angesehen werden, kann unter Umständen, bei Verabsolutierung seiner Gültigkeit, aber auch zum Reduktionismus hinführen. Daher hat die Herausarbeitung der Bedingungen, unter denen Analogieschlüsse berechtigt sind, große praktische Bedeutung für die Anwendung von Modellen zur Untersuchung bestimmter Erscheinungen. Es muß erkannt werden, wann und wie diese Analogieschlüsse möglich sind, unter welchen Bedingungen beispielsweise ein bereits vorliegendes System auf Grund bestimmter Analogien als Modell des zu untersuchenden Objektes dienen kann. Insbesondere hat ein derartiges Vorgehen in der heutigen Kosmologie und in anderen Wissenschaftszweigen seine Bedeutung, zeigte aber auch schon bei der Aufstellung des RUTHERFORDschen Atommodells („Sonnensystem im Kleinen") und früher seine Notwendigkeit.

Jedoch gibt uns der Analogieschluß nur wahrscheinliches Wissen, das noch geprüft werden muß. Der Analogieschluß ist um so wahrscheinlicher, wenn die Analogie auf wesentlichen Merkmalen einer möglichst großen Anzahl gemeinsamer Eigenschaften der verglichenen Objekte und Prozesse beruht, ein möglichst enger Zusammenhang zwischen den verglichenen Eigenschaften oder Beziehungen besteht, Ähnlichkeit *in bestimmter* Beziehung ermittelt wird, Unterschiede nur hervorgehoben werden, wenn sie für die Untersuchung wesentlich sind usw.[24]

Die Wichtigkeit von Analogieschlüssen bei der Modellierung wurde bereits von dem berühmten Physiker des 19. Jahrhunderts J. C. MAXWELL betont. Er schrieb: „Um physikalische Vorstellungen zu erhalten, ohne eine specielle physikalische Theorie aufzustellen, müssen wir uns mit der Existenz physikalischer Analogien vertraut machen. Unter einer physikalischen Analogie verstehe ich jene theilweise Aehnlichkeit zwischen den Gesetzen eines Erscheinungsbereiches mit denen eines anderen, welche bewirkt, dass jedes das andere illustrirt“[25].

MAXWELL benutzte und konstruierte selbst Vorstellungen, die auf Analogiebeziehungen beruhten, wie die als Spannungen verstandenen magnetischen Kraftlinien, welche sich als Wirbelbewegungen eines als Fluß unterstellten elektrischen Stromes ergeben, die Analogie zwischen Wärmestrom und Anziehung durch Fernwirkung u. a.

Durch die Verwendung von Analogieschlüssen ist die Modellmethode jedoch längst nicht vollständig gekennzeichnet. Diese sind bereits Voraussetzung für Ordnungsschemata bzw. Klassifizierungen u. a. Daher werden im weiteren die bei der Modellierung benutzten Formen der Abstraktion untersucht.

2.3. Die Modellmethode — Aspekte der Dialektik des Erkenntnisprozesses

2.3.1. Zur Rolle der Abstraktionen

Der Mensch bedient sich unterschiedlicher Formen der Abstraktion, um zum Wesen der ihn umgebenden Dinge vorzustoßen oder die Prozesse seines eigenen Denkens besser zu erkennen, was ihn zur immer umfassenderen Beherrschung der Erscheinungen der Natur, der Gesellschaft und seines eigenen Denkens führt.

Die Methode der Idealisierung physikalischer Objekte kann man bereits in den Anfängen der Physik nachweisen[26]. GALILEI vernachlässigte beispielsweise den Luftwiderstand bei der Betrachtung des Falls der Körper, betrachtete den Fall im Vakuum und deckte den allgemein-notwendigen und wesentlichen Zusammenhang in diesem Prozeß auf, gelangte zur Gesetzeserkenntnis. Für die Arbeit GALILEIS läßt sich hervorheben, daß er physikalische Modelle verwendete, ohne diesen Begriff selbst schon zu benutzen, und daß er sich dabei der Methode der Idealisierungen bediente. Er war sich über die Rolle der Idealisierung und der relativen Isolierung des Untersuchungsgegenstandes in bezug auf unwesentliche Beziehungen hinsichtlich der Richtung seiner Forschungen mehr oder weniger bewußt. Davon zeugen die von ihm verwendeten Vorstellungen der polierten Kugel, der völlig glatten Ebene, der Vernachlässigung des Luftwiderstandes beim Fall der Körper bzw. die Versuche ihrer experimentellen Realisierung, wobei im Nachhinein historischer Betrachtung beides oftmals nicht voneinander abgehoben werden kann. GALILEI sah beispielsweise in der Bewegung der von ihm entdeckten vier Monde des Planeten Jupiter ein „Modell" für die Bewegung der Erde um die Sonne, dabei nutzte er bewußt eine Analogiebeziehung aus. Im 18. Jahrhundert vertrat der Physiker und Mathematiker D'ALEMBERT in der Einleitung zur Enzyklopädie von 1751 die Auffassung, daß unser Geist planvoll durch Abstraktionen die Materie aller sinnfälligen Eigenschaften entkleide, um gleichsam nur ihr Schattenbild ins Auge zu fassen. Er war der Meinung, daß Abstraktionen den Entdeckungen im Verlauf der Untersuchung zu großem Nutzen gereichen.[27] Obgleich in der Physikgeschichte diese Erkenntnisse also vorhanden und in der Forschung auch weiterhin erfolgreich angewendet wurden, kam es insbesondere im 19. Jahrhundert zu dem bereits beschriebenen Dilemma, daß die gebildeten Abstraktionen, Gleichungen, Modelle usw. als die wirklichen Objekte bzw. als Kopien derselben angesehen wurden.

Boltzmann meinte dagegen, daß keine Gleichung irgendwelche Vorgänge absolut genau darstelle, sondern jede idealisiere sie, hebe Gemeinsamkeiten heraus und sehe von Verschiedenem ab, gehe also über die Erfahrung hinaus. „Daß dies notwendig ist, wenn wir irgendeine Vorstellung haben wollen, die uns etwas Künftiges vorauszusagen erlaubt, folgt aus der Natur des Denkprozesses selbst, der darin besteht, daß wir zur Erfahrung etwas hinzufügen und ein geistiges Bild schaffen, welches nicht die Erfahrung ist und darum viele Erfahrungen darstellen kann.“[28]

Boltzmann erkannte also den Zusammenhang verschiedener Abstraktionsarten, ohne sie einzeln zu bestimmen. Er sah dabei, daß Idealisierungen stets mehr als einfache Vereinfachungen, Vergröberungen der Untersuchungsobjekte sind. Sie haben immer ideelle bzw. idealisierte Objekte zum Ergebnis, die durch diese vorgenommenen Idealisierungen eine „Einheit“ von Abbild und Entwurf, Konstruktion, darstellen und gerade deshalb in der Lage sind, das Untersuchungsobjekt adäquat widerzuspiegeln.

In der heutigen Physik verweisen die Modellvorstellungen des idealen Gase, des idealen festen Körpers, des absolut schwarzen Strahlers u. ä. auf die große Bedeutung dieser Abstraktionsart hin. Beispielsweise spricht man in der Festkörperphysik von „Idealkristallen“. In Experimenten und in der Technik werden natürliche, in der

Natur vorgefundene oder gezüchtete Realkristalle verwendet. Bei theoretischen Forschungen erweist sich, daß man bestimmte Vereinfachungen machen muß, zu Grenzfällen übergeht, d. h. ein ideelles Modell, den „Idealkristall" schafft. Dieses Modell entsteht durch Idealisierung. Der „Idealkristall" stellt also eine wissenschaftliche Abstraktion (als Resultat des Abstraktionsprozesses) dar, auch wenn die Eigenschaften einiger real existierender Kristalle diesem „Ideal" schon „näher" liegen. Darin liegt eine der objektiven Ursachen, daß die Vorstellung vom „Idealkristall" für die Forschung fruchtbar ist. Dieses allgemeine Modell gestattet in vielen Fällen erst eine weitere theoretische Arbeit durch den Übergang zu komplizierteren, differenzierteren Modellen. Es wird zunächst angenommen, daß ein ungestörter gitterperiodischer Aufbau des Kristalls vorliegt. Von Gitterfehlern, der thermischen Bewegung der Atomrümpfe bzw. Moleküle und meist von der endlichen Ausdehnung des Kristalls wird abgesehen. Dieses Modell beinhaltet also allgemeinste Eigenschaften, die allen Kristallen gemeinsam sind. Daher wird nicht nur idealisiert, sondern auch die Abstraktion durch Generalisierung (Verallgemeinerung) spielt eine wichtige Rolle. Dieses allgemeine Modell (oder die Modellvorstellung) führt unter Einbeziehung anderer Erkenntnisse zu einer Reihe konkreter Modelle des Festkörpers, in denen bestimmte Besonderheiten berücksichtigt werden.

In der Physik, wie auch in anderen Natur- und Gesellschaftswissenschaften, wird also, ausgehend von den im Experiment oder durch Beobachtung gewonnenen Daten von den unwesentlichen, zweitrangigen Eigenschaften und Beziehungen der Untersuchungsgegenstände abgesehen, abstrahiert, um die wesentlichen Eigenschaften und Beziehungen aufzudecken und sie theoretisch in Begriffen, Hypothesen, Modellen, Theorien zu fassen.

Dieses Abstrahieren ist notwendig für die wissenschaftliche Erkenntnis, denn: „Wir können die Bewegung nicht vorstellen, ausdrücken, ausmessen abbilden, ohne das Kontinuierliche zu unterbrechen, ohne zu versimpeln, zu vergröbern, ohne das Lebendige zu zerstückeln, abzutöten. Die Abbildung der Bewegung durch das Denken ist immer eine Vergröberung, ein Abtöten — und nicht nur die Abbildung durch das Denken, sondern auch durch die Empfindung, und nicht nur die Abbildung der Bewegung sondern auch die jedes Begriffs."[29]

Trotz dieser „Vergröberung" sind aber unsere Modelle und Theorien sehr wohl in der Lage, bestimmte Eigenschaften und Beziehungen der Untersuchungsgegenstände adäquat widerzuspiegeln und der Mensch ist fähig, die gewonnenen Erkenntnisse in der Praxis umzusetzen, zu nutzen. Offensichtlich stellt daher diese „Vergröberung" nur eine relative „Vereinfachung", „Versimplung" dar, obgleich natürlich unsere im wissenschaftlichen Erkenntnisprozeß entstandenen begrenzten Abbilder der Wirklichkeit niemals die unendliche qualitative und quantitative Mannigfaltigkeit derselben erfassen, ihr nur stets näher kommen.

Welche Arten der Abstraktion unterscheidet man, welche Besonderheiten treten auf, die uns in die Lage der immer tieferen theoretischen Erfassung der Wirklichkeit versetzen?

Štoff gibt im Anschluß an Gorskij eine Klassifikation der Abstraktionsarten, die seiner Meinung nach natürlich nicht vollständig und ausreichend systematisiert sei[30].

Er unterscheidet:

1. Die Abstraktion der Identifizierung. Dabei wird von unähnlichen Eigenschaften und Beziehungen der Untersuchungsgegenstände abgesehen. Eigenschaften und Beziehungen, die sie gemeinsam haben, werden hervorgehoben (verallgemeinernde Abstraktion).
2. Die isolierende oder analytische Abstraktion. Bestimmte Gegenstände und gewisse Eigenschaften dieser Gegenstände werden nicht betrachtet. Sie ist manchmal von Vergegenständlichung begleitet (formale Abstraktion)

3. Vom Ganzen wird abgesehen, gedanklich wird ein Teil hervorgehoben.
4. Von der Veränderung und Entwicklung des Untersuchungsgegenstandes wird abgesehen, von seiner Veränderlichkeit, Unbestimmtheit, Relativität seiner Grenzen wird abstrahiert. Als Ergebnis dieser Abstraktionsform entstehen „starre", gedanklich der Bewegung beraubte ideelle Objekte.
5. Die vereinfachende Abstraktion. Von der Kompliziertheit des Untersuchungsgegenstandes, der Mannigfaltigkeit seiner inneren Beziehungen wird abstrahiert. Lediglich die grundlegendsten, wichtigsten Beziehungen werden hervorgehoben, das ideelle Objekt (bzw. seine materielle Realisierung) erscheint einfacher als der Untersuchungsgegenstand.
6. Die idealisierende Abstraktion. Es wird nicht nur einfach von bestimmten Eigenschaften und Beziehungen des Untersuchungsobjektes abgesehen, bestimmte Eigenschaften und Beziehungen werden verabsolutiert (Grenzfälle werden angenommen). Die entstehenden idealisierten Objekte haben in der Wirklichkeit keine direkte Entsprechung, jedoch dort ihr Vorbild.
7. Abstraktion von den prinzipiell oder durch bestimmte historische Bedingungen begrenzten praktischen, konstruktiven Möglichkeiten des Menschen (Abstraktion der potentiellen Realisierbarkeit).[31]

Letztere Abstraktionsart hat insbesondere für die Prognose bestimmter wissenschaftlicher, technischer und gesellschaftlicher Prozesse große Bedeutung, gibt jedoch kein eindeutiges Wissen, sondern zeigt Möglichkeiten späterer Entwicklung auf, die evtl auch nicht verwirklichbar sind.

Die genannten Abstraktionsarten werden manchmal auch anders zusammengefaßt.[32] Jedoch unterscheidet man in der Regel zwischen Idealisierung im weiteren und im engeren Sinne. Als Idealisierung im weiteren Sinne wird jeder Abstraktionsprozeß, bei dem Schematisierungen, Vergröberungen, Vereinfachungen usw. der Wirklichkeit vor sich gehen, verstanden. Idealisierungen im engeren Sinne führen zur Schaffung von besonderen idealisierten Objekten.

Die genannten Arten der Abstraktion sind nicht voneinander isoliert. Bei der Modellbildung spielen sie alle mehr oder weniger eine Rolle. Ideelle Modelle können beispielsweise bloße Vereinfachungen darstellen, was eine gewisse Bedeutung für die Schaffung materieller Modelle oder die technische Realisierung ideeller Modelle usw. hat. Bei jeder Bildung eines Modells wird zunächst in gewisser Hinsicht gedanklich isoliert, von gewissen äußeren und inneren Beziehungen, Wechselwirkungen abstrahiert. In der Geschichte der Wissenschaften ist eine solche Isolierung jedoch nur relativ. Obgleich die Vielfalt, Mannigfaltigkeit aller Wechselbeziehungen auch im weiteren Erkenntnisfortschritt nicht vollständig in Betracht gezogen werden kann, kommt es aber von einer Entwicklung von Modellen, die keine oder nur wenige Wechselbeziehungen berücksichtigen, zu Modellen, in denen die Widerspiegelung wesentlicher Wechselwirkungen Bestandteil des Modells ist. Beispielsweise war das bei den Übergängen von Modellen freier Teilchen zu den Modellen, die Wechselwirkungen betrachten, der Fall (Festkörperphysik, Kernphysik u.a.).

Auch spielen manchmal in der Modellbildung Begriffe unterschiedlichen Allgemeinheitsgrades sowie allgemeine Prinzipien (physikalische, methodologische oder vermittelt philosophische) eine Rolle. Letzteres finden wir z. B. in der Elementarteilchenphysik und in der Kosmologie.[33] Andererseits werden Modelle auch stets in gewisser Hinsicht, für bestimmte Ziele und Zwecke gebildet bzw. ausgewählt Sie stehen nicht isoliert, sondern immer in bestimmten Zusammenhängen, die der besseren theoretischen Erfassung des Untersuchungsgegenstandes bzw. seiner besseren praktischen Beherrschung geschuldet sind. Dabei geht es nicht um die Überhöhung, Verabsolutierung irgendeiner Form, eines Mittels der wissenschaftlichen Erkenntnis, sondern um ihre richtige Anwendung.

Die Abstraktion durch Idealisierung nimmt einen besonderen Platz ein. Nicht nur in Natur- und Gesellschaftswissenschaften, sondern auch in der Mathematik hat die Idealisierung im engeren Sinne ihren Platz. „Ein solches Herangehen an den mathematischen Abstraktionsprozeß gestattet es, die Spezifik der mathematischen Erkenntnis stärker hervorzuheben, weil es die Wechselwirkung der verschiedenen elementaren Abstraktionsformen berücksichtigt. Jedoch ist es im Interesse einer näheren Darstellung, den Idealisierungsprozeß als ein Mittel zur Bildung solcher Begriffe zu verstehen, die Eigenschaften wiedergeben, die entweder von den realen Eigenschaften erheblich abweichen oder die überhaupt nicht objektiv-real existieren, also imaginärer Natur sind."[34]

Die Besonderheit der Idealisierung besteht darin, daß ausgehend von dem wirklichen Verhalten der Untersuchungsobjekte bei der Beobachtung bzw. im Experiment, bestimmte Folgerungen gedanklich bis zu einem gewissen Grenzwert, Grenzfall weitergetrieben werden. Dadurch werden im ideell zu schaffenden Objekt bestimmte Parameter extremal. Es werden ideelle, idealisierte Objekte geschaffen, die keine direkte Entsprechung in der Wirklichkeit haben, jedoch dort in den Untersuchungsobjekten ihren Ausgangspunkt finden ŠTOFF unterscheidet folgende Etappen oder Stufen der Idealisierung: „Gedankliche Auswahl einer Existenzbedingung oder Eigenschaft des untersuchten Objekts; Veränderung des Wirkens der gegebenen Bedingung oder Eigenschaft bis zu einem Minimum (bis auf Null) oder zu einem Maximum; wird festgestellt, daß sich dabei auch andere Eigenschaften nach einer bestimmten Richtung verändern, so werden die angenommenen Prozesse der Zu- oder Abnahme gedanklich bis zu einem extremen Grenzfall fortgeführt. So entstehen idealisierte Objekte oder Grenzfälle, d. h., Modelle, die als Inhalt der entsprechenden Grenzbegriffe auftreten."[35] Dabei sei noch hinzugefügt, daß die gedankliche Auswahl einer Existenzbedingung oder Eigenschaft nur dann möglich ist, wenn eine solche Wahl zuvor durch das in der Beobachtung oder im Experiment festgestellte Verhalten entsprechender Untersuchungsobjekte legitimiert ist bzw. Tatsachen die Wahrscheinlichkeit, daß eine solche Auswahl adäquat ist, in irgendeiner Weise rechtfertigen. Derartige gedankliche Grenzübergänge werden also nicht willkürlich ausgelöst, sondern sind durch objektive Eigenschaften der Untersuchungsobjekte und ihrer Beziehungen zu anderen Objekten bzw. Prozessen bestimmt.

Obgleich zahlreiche Modelle der Physik durch solche Übergänge gekennzeichnet sind, kann man feststellen, daß die weitere Untersuchung der wesentlichen Beziehungen physikalischer Erscheinungen auch zu Einschränkungen, zur Einführung neuer Beziehungen, zu Modellen führt, in denen extreme Grenzwerte „aufgelöst" und reale Bedingungen stärker in Betracht gezogen und ideell abgebildet werden.

2.3.2. Modelle im wissenschaftlichen Erkenntnisprozeß

Im 1. Kapitel wurde die Modellmethode als eine Methode hervorgehoben, die von der objektiven Analyse der Wirklichkeit bis zur subjektiven Synthese erkannter Wesenselemente der zu untersuchenden Erscheinungen reicht.

Modelle werden insbesondere für die Untersuchung komplizierter Systeme, für die Erforschung heute noch schwer bzw. unzugänglicher Objekte, bei Problemstellungen, die aus humanen oder ökonomischen Gründen ein Experimentieren mit dem Original nicht gestatten, verwendet. Wie bereits erwähnt, sind die in den einzelnen Wissenschaften benutzten und auch die durch eine Reihe marxistisch-leninistischer Philosophen anhand einzelwissenschaftlichen Materials reflektierten Modellbegriffe sehr unterschiedlich. Bei letzteren hängt dies oft damit zusammen, welche Spezifika der Anwendung von Modellen hervorgehoben werden, was manchmal zu bestimmten Einseitigkeiten (z. T. Unterbestimmungen) bezüglich eines philosophisch-relevanten Modellbegriffs führen kann.

Einige Autoren[36] versuchen, aus der Bestimmung des Modellbegriffs jene Bedeutungen auszuschließen, für die bereits andere Bezeichnungen existieren. Das hat eine gewisse Berechtigung, da Modelle, Hypothesen, Theorien usw. eine unterschiedliche Funktion im Erkenntnisprozeß haben und eine gewisse Abgrenzung nötig erscheint. Jedoch findet man beispielsweise in der Mathematik, daß eine Theorie gegenüber einer anderen die *Funktion* eines Modelles übernimmt, diese interpretiert. Hypothesen können in Modelle eingehen usw. Weiterhin haben alle diese genannten Begriffe, betrachtet man ihre Verwendung in den Wissenschaften und die gegenwärtige Entwicklung der Anwendung von Modellen, keine strenge, eindeutige Bestimmung.[37]

Beispielsweise versteht ŠTOFF unter einem Modell „ein ideell vorgestelltes oder materiell realisiertes System ..., das das Forschungsobjekt widerspiegelt oder reproduziert und es so zu vertreten vermag, daß uns sein Studium neue Informationen über das Objekt vermittelt."[38] Er grenzt dabei den Modellbegriff scharf ab, schließt Theorien, Hypothesen u. ä. aus der Bestimmung aus. Es reicht offensichtlich aber nicht aus, nur darauf hinzuweisen, daß die Anwendung von Modellen gestattet, neue Informationen über das Untersuchungsobjekt zu erhalten. Sicherlich ergibt auch die bessere Beherrschung und Ausnutzung des Untersuchungsobjektes stets gewisse Erkenntnisse, jedoch steht bei einer solchen Anwendung von Modellen der Aspekt der Erkenntnisgewinnung nicht im Vordergrund. Ein bestimmtes materielles oder ideelles System bzw. Objekt ist aber nicht von sich aus Modell. Es wird erst zum Modell, wenn es durch den Menschen im Erkenntnisprozeß zu bestimmten Zwecken, für ein bestimmtes Ziel, genutzt wird. Es ist also, um es erneut hervorzuheben, durch seine Beziehungen zu dem, *wovon* es Modell *und* dem, *wofür* es Modell ist, im *Erkenntnisprozeß* bestimmt.

Berechtigt bemühen sich viele Autoren, bereits in der Modelldefinition die Vielzahl der Funktionen, die Modelle als Mittel bzw. Gegenstand der Erkenntnis erfüllen, hervorzuheben, da es notwendig erscheint, darauf zu verweisen, daß das Modell durch seine Beziehungen zu dem, *wofür* es Modell ist, im Erkenntnisprozeß bestimmt ist. Manche Autoren betonen besonders die Wichtigkeit von Analogiebeziehungen (speziell auch von Homologien) zwischen dem zu untersuchenden Objekt und seinem Modell. Darüber existieren kaum Streitpunkte — eher, wie weit oder eng der Analogiebegriff gefaßt werden soll.

K. E. Morosov vertritt in seinem Buch „Matematičeskoe modelirovanie v naučnom poznanii" die Auffassung, daß es Modelle gibt, die ideell vorgestellte oder materiell realisierte Systeme sind. Jedoch existiert seiner Meinung nach noch eine andere Art von Modellen, die aus den Grenzen dieser Bestimmungen herausfallen. Derartige Modelle seien z. B. mathematische Formeln, die ein beliebiges Fragment der Wirklichkeit beschreiben, aber weder materiell realisierte, noch ideell vorgestellte Systeme seien. Diese Formel stelle jedoch ein Modell des gegebenen Fragments der Wirklichkeit dar; es wäre in der Lage, dieses Fragment so zu ersetzen, daß seine Analyse neues Wissen über dieses Fragment gibt.[39] Weiterhin gäbe es nach seiner Auffassung Modelle, die das Forschungsobjekt höchstens sehr eingeschränkt widerspiegeln oder es sehr eingeschränkt irgendwie reproduzieren. Zum Beispiel könnten Interpretationen einer Theorie auch materiell realisierte Modelle sein, die die Theorie weder im gnoseologischen Sinn reproduzieren noch widerspiegeln. Da alle theoretischen Vorstellungen, Begriffe, Verallgemeinerungen usw. die Wirklichkeit widerspiegeln oder reproduzieren, wären diese Bestimmungen im Modellbegriff überflüssig. Er folgert, daß man unter einem Modell ein Objekt beliebiger Natur verstehe, das fähig sei, das untersuchte Objekt so zu ersetzen, daß seine Untersuchung neue Informationen über dieses Objekt gäbe.[40]

Dabei geht der Streit sicher nicht darum, ob man die Begriffe Objekt, System, Gegenstand u. ä. benutzt oder nicht. Wesentlicher ist, und das wird bei Morosovs 3 Typen von Modellen *nicht* klar, daß es offensichtlich ideelle Modelle gibt, die sich hinsichtlich des Grades und der Richtung der in ihnen verwendeten Abstraktionen unterscheiden. Gerade Zeichenmodelle (z. B. Formeln, Gleichungssysteme) können einen hohen Abstraktionsgrad besitzen, was aber auch bei anderen Formen ideeller Modelle nicht auszuschließen ist. Das ist abhängig von dem Abstraktionsgrad der in ihnen verwendeten Begriffe, Bilder usw. Widerspiegelung des Untersuchungsobjektes durch das ideelle Modell bedeutet jedoch keinesfalls eine „Spiegelung im physikalischen Sinne", sondern meint die Erkenntnis wesentlicher Eigenschaften und Beziehungen der Untersuchungsobjekte und deren im Laufe der Erkenntnisprozesse immer adäquatere Abbildung in wissenschaftlichen Modellen, wobei in diesen Modellen oftmals Züge enthalten sind, die keine Entsprechung in der objektiven Realität haben. Bei mathematischen Modellen ist dies im hohem Maße der Fall — um von mathematischen Modellen der Mathematik die Anwendung mathematischer Methoden für die Modellbildung in anderen Wissenschaften abzuheben, sollte man die oft in der Physik, Biologie u. a. Wissenschaften „mathematische Modelle" genannten ideellen Modelle besser *formalisierte* oder *mathematisierte Modelle* in der Physik usw. (unabhängig vom Umfang der Verwendung mathematischer Strukturen) nennen. Damit kann man offensichtlich MOROSOVS terminologisches Dilemma umgehen.

Mathematische Formeln, Gleichungen sind Produkte der Denktätigkeit des Menschen. Sie stellen selbst im gewissen Sinne ideelle Objekte oder Systeme dar, die in „materieller Form" als Zeichensysteme immer noch ideellen Charakters sind, weil sie Produkte der Denktätigkeit des Menschen ebenso wie die Veränderungen, die an ihnen (auf dem Papier usw.) vorgenommen werden, bleiben. Sie spiegeln an sich bestimmte Beziehungen oder Objekte der Wirklichkeit höchstens sehr vermittelt, über viele Zwischenstufen, Abstraktionsstufen wider. Jedoch dienen sie in den einzelnen Wissenschaften, wenn sie inhaltlich interpretiert werden, der immer besseren, tieferen Erfassung, Widerspiegelung, wesentlicher Eigenschaften und Beziehungen der Untersuchungsobjekte.

Versuche einer Formalisierung der Modellbildung können fruchtbar sein und sind in Hinsicht auf eine mathematische Modelltheorie sicher notwendig. Wenn jedoch der Anspruch erhoben wird, damit eine philosophische Definition des Modellbegriffs zu geben, muß man die Frage stellen, ob solche Versuche ausreichen, das Wesen des Modellbegriffs zu erfassen. Läßt sich tatsächlich die Spezifik des menschlichen Erkenntnisprozesses auf Abbildungsrelationen reduzieren, wie RUBEN und WOLTER behaupten? Sie schreiben: „Es sei ω ein Original (das schon vorhanden ist oder erst erzeugt werden soll) und $M(\omega)$ eine (nicht leere) Menge von Aussagen über ω. $M(\omega)$ ist also eine Menge von Informationen über ω. Dann heißt μ Modell für die Menge $M(\omega)$ dgw. μ ein System ist, in dem alle Aussagen aus M (μ) gültig sind, wobei man $M(\mu)$ aus $M(\omega)$ dadurch erhält, daß man in jeder Aussage aus $M(\omega)$ ω durch μ ersetzt. Wenn z. B. zu $M(\omega)$ die Aussage ‚ω ist ein materielles System' gehört, dann soll zu $M(\mu)$ die Aussage ‚μ ist ein materielles System' gehören. Dabei wollen wir unter ‚Aussage' nicht ‚Aussage eines Formalismus' im Sinne der Logik verstehen."[41] Dabei stellt sich natürlich zunächst die Frage, wie die oben genannte Zuordnung beschaffen ist — eindeutig, umkehrbar eindeutig? Ist mit einer solchen Auffassung schon mehr gegeben als bei der Kennzeichnung der Homomorphie- bzw. Isomorphierelationen?[42] Durch bloße Ersetzung eines Objektes durch sein Modell ist letzteres durchaus noch nicht in seiner allgemeinen Spezifik gekennzeichnet (Zielstellungen der Modellierung bleiben gleichfalls außer acht), sondern höchstens ein Modellbegriff für einen eng begrenzten Wissenschaftsbereich definiert.

Aus der Untersuchung philosophischer (und wissenschaftstheoretischer) Fragen der Modellbildung folgert WÜSTNECK, daß zum Wesen des Modellbegriffs gehöre, daß eine Relation zwischen drei Komponenten vorliege.

Das Modell könne als solches nur in bezug auf ein bestimmtes Original und ein bestimmtes ‚Subjekt' definiert werden.[43] Der Autor spricht also von der Bedeutung eines in seinen inneren Relationen dreistelligen Modellsystems aus Subjekt, Original und Modell. Dabei hat der Begriff des Subjekts in diesem Fall einen ganz anderen Inhalt als in der Erkenntnistheorie und kann nach WÜSTNECK[44] in seiner dreistelligen Modellrelation nicht mit der Subjekt-Objekt-Dialektik identifiziert werden (der Subjektbegriff schließt bei ihm kybernetisch-technische informationsverarbeitende Systeme mit ein). Es geht ihm nicht allein um erkenntnistheoretische, sondern um allgemeine methodische und methodologische Fragen der Bildung von Modellen. Hier ergibt sich jedoch das Problem der Bedeutung der benutzten Termini. Die Subjekt-Objekt-Dialektik in der marxistisch-leninistischen Erkenntnistheorie bezieht sich auf den praktisch tätigen Menschen, der in eine aktive, tätige, zweckmäßige, erkennende Beziehung zu den ihn umgebenden Erscheinungen tritt. Daher entsteht die Gefahr von Mißverständnissen, benutzt man WÜSTNECKS Begriff des Subjekts ohne Eingrenzungen. Bezogen auf die Subjekt-Objekt-Dialektik kann das Modell als Mittel des Subjekts der Erkenntnis zur Untersuchung objektiver Erscheinungen dienen, kann aber auch selbst zum Objekt der Untersuchung durch das erkennende Subjekt werden, das sich dabei bestimmter Mittel bedient.

Die dreistellige Modellrelation WÜSTNECKS sollte man nicht mit der Subjekt-Objekt-Dialektik identifizieren, obgleich Zusammenhänge existieren. Sie stellt eher eine abgeleitete Beziehung dar, mit deren Hilfe zahlreiche grundlegende Beziehungen der Modellbildung und Anwendung bereits erklärt werden können. Führt aber nicht die Beachtung der Gesamtheit der Beziehungen von Modellen in einem konkreten Erkenntnisprozeß, ihre Beziehungen zu anderen Formen und Mitteln der Erkenntnis (Experimenten, Hypothesen, Theorien usw.) dazu, daß evtl. je nach dem, bezogen auf den wissenschaftlichen

Erkenntnisprozeß (einschließlich der praktischen Nutzung der Ergebnisse) die ursprünglich dreistellige Relation erweitert werden müßte?

Kann man sagen, daß alle Modelle bloße Vereinfachungen des Untersuchungsobjekts (des Originals) darstellen?

BONHOEFFER[45] meint, daß das Modell das Objekt in charakteristischer Weise vereinfacht. Solche Modelle gibt es tatsächlich und sie sind sehr zahlreich. Man muß aber zwei Dinge unterscheiden: 1. Materielle Modelle, in denen bestimmte (nicht alle) wesentliche Eigenschaften und Beziehungen — Strukturen, Funktionen bzw. das Verhalten des Untersuchungsobjektes — analog reproduziert sind oder aufgefunden werden können und 2. ideelle Modelle, die stets auf Grund der Besonderheiten des Erkenntnisprozesses Vereinfachungen darstellen, mit denen man aber wesentliche Eigenschaften und Beziehungen des Untersuchungsobjektes immer besser widerspiegeln kann. Der Abstraktionsprozeß führt jedoch — wie weiter oben erwähnt — oftmals zu Zügen, die nicht im Original enthalten sind. Auch bei materiellen Modellen, ob sie nun konstruiert und aufgebaut bzw. in der Natur vorgefunden wurden, gibt es stets Züge, die den wesentlichen Beziehungen des Originals nicht ähnlich, sondern für die vorzunehmenden Untersuchungen unwesentlich, zweitrangig sind. Es geht also bei der Modellierung weniger um eine bloße Vereinfachung des Untersuchungsobjektes im Modell als vielmehr um eine Hervorhebung und Erforschung wesentlicher Eigenschaften und Beziehungen. Nur so gelingt es nämlich, Wesenszüge adäquat widerzuspiegeln und Modelle als Mittel auf dem Weg zur relativ vollständigen Erfassung des Wesens der untersuchten Erscheinungen in Theorien zu benutzen.

Die Klassifikation der Modelle ist nach verschiedenen Gesichtspunkten möglich:[46]

1. Nach Merkmalen, die dem Modell selbst bzw. allein zukommen. Man unterscheidet dabei materielle und ideelle Modelle. Zu den materiellen Modellen werden z. B. natürliche oder künstliche, anorganische oder organische,

physikalische, biologische usw. Modelle gezählt. Es wird wesentlich danach gegangen, welchem Strukturniveau bzw. welcher Bewegungsform der Materie die wesentlichen Eigenschaften oder Beziehungen des Modells zuzuzählen sind. Bei ideellen Modellen kann man ikonische (Bild-)Modelle von vermischten (Bild- und Zeichenanteile enthaltende) und symbolischen (Zeichen-)Modellen unterscheiden. Als vermischte Modelle kann man die Strukturformeln der Chemie ebenso wie das Energieniveauschema eines Atoms ansehen. Manche Autoren treffen eine etwas andere Einteilung und heben insbesondere die mathematischen sowie (abstrakten) kybernetischen Modelle hervor. Es erscheint jedoch nicht gerechtfertigt, zwischen anschaulichen und abstrakten Modellen zu unterscheiden. Jedes ideelle Modell, ob nun symbolisches *oder* Bildmodell, ist Ergebnis von Abstraktionsprozessen. Man kann sie aber nach Grad und Richtung der Abstraktion unterscheiden. Die Frage der Anschaulichkeit schließt dabei ein, welchen Begriff der Anschaulichkeit man benutzt, wie weit er gefaßt wird.[47] Richtig ist jedoch, daß sich ideelle Modelle danach unterscheiden lassen, ob und inwiefern sie noch ideell widergespiegelte Momente der sinnlichen Anschauung enthalten.

2. Klassifikation nach den Aspekten des Objekts, die Analogien im Modell besitzen (Funktionsmodelle, Verhaltensmodelle, Strukturmodelle).

3. Klassifikation nach Merkmalen, die die Beziehungen zwischen erkennendem Subjekt und dem Modell betreffen (internes oder externes Modell) — der Subjektbegriff wird hier manchmal ausgeweitet und allgemein, aber vom philosophischen Standpunkt — wie oben dargelegt — nicht berechtigt, von einem Modellsubjekt (Philosophisches Wörterbuch, Wüstneck, Wörterbuch der Kybernetik) gesprochen.

4. Klassifikation nach Funktionen, die das Modell aus der Sicht des gesamten Erkenntnisprozesses erfüllt, so z. B. Modelle zur Erkenntnisgewinnung, -vermittlung, Modelle zur besseren Steuerung und Beherrschung des Originals usw.

Jedem Modell können mehrere der genannten Kennzeichen zukommen. Man kann es je nach dem Zweck, den die Klassifizierung verfolgt, einer der genannten (evtl. nicht vollständigen) Klassifikationsarten zurechnen. Beispielsweise vermag ein vermischtes Modell bestimmte wesentliche Strukturen des Untersuchungsobjektes relativ adäquat widerzuspiegeln und bei der Arbeit mit dem Modell gelangt man zu neuen Erkenntnissen. Weiterhin können gleiche Modelle verschiedene Funktionen in Erkenntnisprozeß haben — was heute der Erkenntnisgewinnung dient, kann morgen zur Erkenntnisvermittlung genutzt werden usw. usf.

Zunächst soll kurz auf materielle Modelle eingegangen werden. Die aktive schöpferische Widerspiegelung der objektiven Realität durch den Menschen umfaßt insbesondere die auf die Berücksichtigung erkannter allgemeinnotwendiger und wesentlicher Zusammenhänge gestützte aktive Umgestaltung der Wirklichkeit. Das schließt die Schaffung künstlicher Objekte ein. In diesem Sinne kann man tatsächlich sagen, daß „das Bewußtsein des Menschen ... nicht nur die objektive Welt“ widerspiegelt, sondern sie auch schafft.[48]

Davon zeugen materielle Modelle, die beispielsweise in Modellexperimenten Objekte ersetzen, die schwer oder gar nicht zugänglich sind (He-Modelle zur Modellierung von Vorgängen bei Pulsaren u. ä.), oder an denen aus humanen oder ökonomischen Gründen Experimente unzulässig bzw. heute noch nicht möglich sind. In diesem Zusammenhang geht es sowohl um die Schaffung realer künstlicher Objekte, die vorher in der Natur *nicht* existierten und ihre Verwendung als Modelle (Modelle einer Maschine, eines Bauwerks u. ä.) als auch um die Auswahl realer, in Natur oder Gesellschaft auffindbarer Objekte, die auf Grund objektiv-realer Analogien als Modell eines anderen realen Objektes oder Prozesses dienen können. Insbesondere für die Nutzung materieller Modelle in Bereichen der Physik, Biophysik und Technik hat die Anwendung der Ähnlichkeitstheorie große Bedeutung.

WENIKOW bemerkt treffend bezüglich der Anwendung materieller Modelle, daß bestimmte Eigenschaften oder Relationen eines Forschungsobjektes nicht unmittelbar am Objekt selbst untersucht werden, sondern künstliche Objekte geschaffen bzw. natürliche Objekte benutzt werden, die hinsichtlich der zu erforschenden Eigenschaften oder Relationen als „Stellvertreter", „Repräsentant" des Objekts dienen könnten. An den Modellen werden dann die interessierenden Eigenschaften, Relationen usw. des Objektes experimentell erforscht.[49]

Dem Aufbau materieller Modelle bzw. ihrer Auswahl aus bereits vorliegenden Objekten liegen stets mehr oder weniger entwickelte ideelle Modellvorstellungen bzw. Modelle zugrunde. Die Schaffung materieller Modelle ist eine Form der praktischen, verändernden und zielgerichteten Tätigkeit des Menschen. Die Arbeit mit ihnen, beispielsweise in Modellexperimenten, stellt aber gleichzeitig eine Form der Überprüfung der Richtigkeit des theoretischen Denkens in der Praxis dar. Besonders deutlich zeigt sich dies an den zahlreichen Modellexperimenten in Biophysik, Biologie und Technik. Materielle Modelle stehen zum Untersuchungsobjekt, zum Original in anderer Beziehung als die ideellen Modelle. Sie stellen in gewissem Sinne die materielle Verwirklichung der ihnen im Erkenntnisprozeß vorausgehenden mehr oder weniger ausgereiften ideellen Modelle dar und sind von diesen nicht zu trennen, betrachtet man den Prozeß der Erkenntnis, obgleich sie bezogen auf den Zweck der Modellierung einen relativ eigenständigen Charakter haben können. Im Forschungsprozeß werden solche materiellen Modelle selbst zum Gegenstand der Forschung, falls sie nicht bloße Demonstrationsmodelle darstellen, und tragen unter Umständen zur Veränderung oder Aufgabe der ihnen vorausgehenden oder evtl. nachfolgenden ideellen Modellvorstellungen oder ideellen Modelle bei.

Neben objektiv-realen Analogien, die die materiellen Modelle mit dem evtl. zu modellierenden Original gemeinsam haben, besitzen sie auch andere Züge. Sie gehen dadurch, daß sie realisierte materielle Objekte ideeller Abbilder, Modellvorstellungen, sind, neue Beziehungen zu anderen materiellen Objekten bzw. Prozessen ein. Bei neuartigen technischen Modellen wird dies in der Untersuchung besonders deutlich, wenn unbekannte Effekte auftreten. Materielle Modelle widerspiegeln also in *vermittelter* Weise die Einheit von Abbild und Entwurf (Konstruktion) der ideellen Modellvorstellungen bzw. Modelle. Über die Arbeit mit diesen materiellen Modellen wird der „Entwurf" geprüft. Es stellt sich heraus, ob die konstruierten, entworfenen Züge, die den Charakter der entsprechenden ideellen Modelle ausmachen können, den realen Objekten, Prozessen bzw. den angestrebten Zwekken adäquat oder inadäquat sind.

Man kann zwar Versuchsbedingungen schaffen, bei denen viele störende Einflüsse ausgeschaltet sind oder für den Charakter des zu untersuchenden Objektes wesentliche Störungen sehr klein gehalten werden können, eine völlige Isolierung eines Untersuchungsobjektes läßt sich praktisch aber auf Grund der mannigfaltigen objektiven Beziehungen des Objektes zu anderen Objekten bzw. Prozessen nicht erreichen. Störungen können jedoch unter Umständen sehr klein gehalten werden, so daß sie im Rahmen der Meßgenauigkeit bzw. im Rahmen der den praktischen Untersuchungen zugrunde liegenden Theorie vernachlässigbar sind. Der Begriff „Störung" ist dabei nicht ganz exakt, da uns die allgemein-notwendigen und wesentlichen Zusammenhänge (Gesetze) in der Wirklichkeit in vielfältigen Erscheinungsformen, in Wechselbeziehung mit anderen Zusammenhängen unter verschiedensten Bedingungen entgegentreten. Daher geht es vielmehr darum, unwesentliche, zweitrangige Zusammenhänge, Bedingungen von den wesentlichen, den Charakter der Erscheinungen bestimmenden Bedingungen abzuheben und wenn möglich, für Experimente ihren Einfluß relativ gering zu halten. Natürlich gelingt es nur gedanklich, im ideellen Modell oder im Gedankenexperiment, diese „Störungen" völlig zu vernachlässigen. Darin liegt ein

Vorteil der Arbeit mit ideellen Modellen bzw. mit dem Gedankenexperiment, aber auch die Möglichkeit der Verabsolutierung der letzteren.

Bei der Schaffung materieller Modelle muß gefragt werden, ob die neuen materiellen Beziehungen, die man in diesen Modellen vorfindet, für die im Modell zu reproduzierenden Strukturen, Funktionen usw. des Originals wesentlich oder unwesentlich sind und unter welchen Bedingungen dies der Fall ist. Die Beantwortung dieser Frage erfordert eine theoretische Analyse der vorliegenden Sachverhalte und eng damit verknüpft, die praktische Untersuchung am Modell selbst, um fruchtbare Hinweise darauf zu erhalten, inwiefern das Modell die zu modellierenden Zusammenhänge des Originals richtig reproduziert, bzw. für das angestrebte Ziel nutzbar ist, weshalb auch von einer *Zieladäquatheit* des Modells gesprochen werden kann.

Die Möglichkeit, materielle Modelle zu schaffen, ist allein noch kein hinreichendes Kriterium dafür, ob die vorausgehende ideelle Modellvorstellung das zu untersuchende Objekt bzw. bestimmte Eigenschaften und Beziehungen dieses Originals adäquat widerzuspiegeln vermag. Erst die Arbeit mit dem materiellen Modell erweist die Richtigkeit der theoretischen Vorstellungen. Weiterhin ist auch die Möglichkeit der Schaffung materieller Modelle nicht in jeden Fall ein notwendiges Kriterium für die (relativ) adäquate Widerspiegelung bestimmter Züge des Originals durch die ideelle Modellvorstellung bzw. das ideelle Modell, wenn ideelle Modelle nicht ohne Verlust wesentlicher Züge, oft nicht ohne völlige Aufgabe dieses Modells materiell realisierbar sind. Historische Schranken, dem Entwicklungsstand von Wissenschaft und Technik geschuldet, können einer Realisierung ebenfalls lange im Wege stehen.

Wozu dienen nun ideelle Modelle?

Wenn zwischen Modellvorstellungen und ideellem Modell unterschieden wurde, so ist der benannte Unterschied nur relativ. Von Modellvorstellungen könnte man dann sprechen, wenn wir es mit der theoretischen Widerspiegelung der Beziehungen zwischen einem materiellen Modell (Repräsentant, „Stellvertreter“ des Originals) und dem Untersuchungsobjekt (Original) zu tun haben. „Wird mit dem Modell experimentiert, so erhalten wir neue Erkenntnisse, die bis zu einer Theorie über das Modell führen können, mindestens aber Widerspiegelungen der Modellstrukturen und -funktionen sind. Verbunden mit der Modellvorstellung können die theoretischen Erkenntnisse über das Modell nun Bestandteil der Theorie über das Objekt werden, wobei die Überprüfung der Modellerkenntnisse in ihrer Bedeutung für das Objekt ebenfalls noch erfolgen muß.“[50] Steht dagegen die theoretische Arbeit im Vordergrund, wollen wir vom ideellen Modell sprechen. Dabei können Modellvorstellungen u. U. ebenso theoretisch entwickelt und ausgebaut sein, wie diejenigen ideellen Modelle, mit denen unmittelbar theoretisch gearbeitet wird, so daß man sie eigentlich nur ihrer Funktion nach unterscheiden sollte. Daher wird im weiteren allgemein nur von ideellen Modellen die Rede sein.

Es existieren unterschiedliche Wege zur Theorie. Das trifft sicher für alle Naturwissenschaften mehr oder weniger zu. Untersuchen wir die Geschichte der Physik, so finden wir, daß ideelle Modelle als Vorstufe bzw. Vorstufen einer Theorie in vielen Theorienbildungsprozessen auftreten. Dabei trugen sie oftmals hypothetische Züge bzw. wurden Hypothesen auf Grund des Modells formuliert. Auf dieser Basis entstanden z. B. die klassischen Theorien der Wärme, des Lichtes und des Tons[51]. Auch in manchen gegenwärtig entstehenden physikalischen Theorien verläuft der Weg zur Theorie *über* Modelle, wobei letzteren aber umfangreiche theoretische Vorstellungen zugrunde liegen (vgl. bestimmte Entwicklungen in der Elementarteilchenphysik u. a.).

Das ist sicher nicht der einzige Weg der Theorienbildung in der Physik. Die Funktionen ideeller Modelle als „Bindeglied“ zwischen Experiment und Theorie, die sich in derartigen Prozessen aufzeigen lassen, sind weitaus vielfältiger. Wenn man die physikalische Theorie als die Zusammenfassung der wesentlichen Bestimmungen der untersuchten Erscheinungen in einem *System des Wissens* faßt und Modelle als Abstraktionen auf dem Weg zu diesem geistig reproduzierten Konkreten bzw. als Abstraktionen, die der Veranschaulichung desselben dienen und sogar selbst integraler Bestandteil dieses Systems des Wissens sein können, so lassen sich zunächst folgende Beziehungen in erster Näherung hervorheben, die im 4. Kapitel präzisiert und erweitert werden.

Ideelle Modelle können in Theorienbildungsprozessen 1. historisch-genetisch eine Vorstufe wissenschaftlicher Theorien sein; 2. „formale“ Theorien veranschaulichen, interpretieren und über verschiedene Modelle, Gedankenexperimente und Hypothesen wieder zu Experimenten oder Beobachtungen führen; 3. nach dem relativen Abschluß der Theorienbildung ideelles Objekt der Theorie, d. h. integraler Bestandteil der Theorie sein. Letzteres ist beispielsweise beim Massenpunktmodell der klassischen Mechanik der Fall. Als Vorstufe wissenschaftlicher Theorien können die Modelle als ideeller Repräsentant des Untersuchungsobjektes auftreten oder dieses als materielles Modell im Modellexperiment ersetzen. Ideelle Modelle stellen dann im gewissen Sinne ein ideelles „als-ob Objekt“ dar und die theoretischen Untersuchungen und praktischen Folgerungen werden zunächst über bzw. bezüglich dieses „als-ob Objektes“ durchgeführt. Die Theorie wird zuaächst über dieses „als-ob Objekt“ aufgestellt und muß erst noch erweisen, inwiefern sie den objektiv-realen physikalischen Erscheinungen adäquat ist.

Sehr weitgehende Modelle (bzgl. des Grades der Gesetzeserkenntnis einschließlich der entsprechenden Bedingungen, des vorliegenden Grades der Formalisierung bzw. Mathematisierung, des Gültigkeitsbereiches benutzter Vorstellungen) können unter Umständen bereits angesehen werden, als ob sie die fertige Theorie wären[52]. Jedoch stellen solche „als-ob Theorien“ noch keine umfassende, relativ abgeschlossene Synthese der wesentlichen

Zusammenhänge, wie sie in einer Theorie widergespiegelt werden, dar. Ihr Allgemeinheitsgrad kann sehr hoch sein, wenn die getroffenen Aussagen über einzelne wesentliche Zusammenhänge für einen sehr großen Kreis ähnlicher objektiver Erscheinungen zutreffen. Sie stellen aber noch keine Erklärung objektiv-realer Objekte oder Prozesse durch die *Zusammenfassung* der erkannten wesentlichen Beziehungen und Gesetze zu einem *Gesetzessystem* mit den entsprechenden Existenzbedingungen dar. Auf dieser Stufe des Erkenntnisprozesses sind sie aber unmittelbare Voraussetzung für das weitere Aufsteigen der Erkenntnis vom Abstrakten zum Konkreten.

Theorien, die durch eine vorwiegende Entwicklung des innertheoretischen mathematischen Apparates entstanden, müssen, um experimentell überprüfbar zu sein, veranschaulicht, interpretiert werden, was durch ideelle Modelle geschehen kann.

Neben Modellen als integraler Bestandteil der Theorie unterscheidet Štoff auch noch sogenannte Konstrukte, die gedankliche Objekte seien, die man unmittelbar in der Wirklichkeit nicht beobachten könne wie z. B. Lichtwellen, das elektromagnetische Feld, die ψ-Funktion u. a. Obgleich die Begriffe des Modells und des Konstruktes seiner Meinung nach einander sehr nahe stehen und oft synonym gebraucht werden, besitze das Konstrukt jedoch keine derart ausgearbeitete Struktur. Das ideelle Modell spiele die Rolle eines idealisierten Quasiobjektes, während die Konstrukte die Rolle von Termini (man müßte hinzufügen, von interpretierten Termini) in den durch sie gebildeten Ausdrücken spielen[53]. Was unterscheidet aber solche Begriffe von anderen wissenschaftlichen Begriffen, die in Abstraktionsniveau und Allgemeinheitsgrad verschieden sind? Hervorzuheben wäre vielleicht, daß damit Begriffe gemeint sein könnten, die für den Aufbau von ideellen Modellen bzw. Theorien in einem bestimmten Rahmen wesentlich sind, ohne die diese Modelle bzw. Theorien nicht adäquat wesentliche Zusammenhänge widerspiegeln könnten. Dabei spiegeln solche Begriffe (mittels des Weges ihrer Entstehung, durch ihren Begriffsinhalt usw.) durchaus bestimmte Zusammenhänge der objektiven Realität wider (aber auf einem relativ hohen Abstraktionsniveau, mit einem relativ hohen Allgemeinheitsgrad)[54]. Bei der Bildung solcher Begriffe spielt zweifellos das Moment der geistigen Konstruktion, des Entwurfs eine große Rolle und erst im Kontext von Modellen bzw. Theorien, im Zusammenhang mit anderen Begriffen und Aussagen, lassen sich die Beziehungen zu objektiv-realen Erscheinungen aufdecken.

Die Anwendung von ideellen Modellen im wissenschaftlichen Erkenntnisprozeß ist ebenso wie die Verwendung anderer Entwicklungsformen der Wissenschaft Ausdruck der aktiven schöpferischen Widerspiegelung der objektiven Realität durch den Menschen.

Die Modelle erfassen durchaus nicht alle Eigenschaften und Beziehungen des zu untersuchenden Originals, sie sind keine bloße Kopie des abzubildenden Originals, wie dies beispielsweise Physiker des 19. Jahrhunderts (FARADAY u. a.) annahmen.

Ideelle Modelle geben uns angenähertes, approximatives Wissen und es ist die Aufgabe weiterer Forschungen, dieses zu vertiefen und zu erweitern. Evtl. werden sogar bestimmte Vorhersagen in bezug auf noch nicht Erkanntes oder bzgl. möglicher zukünftiger Entwicklungen getroffen. So können von einer gründlichen Analyse des vorliegenden Materials aus Experimenten und Beobachtungen, unter Einbeziehung vorhandener theoretischer Kenntnisse, entsprechende Annahmen abgeleitet werden. Das war beispielsweise bei der Entwicklung des Quarkmodells der Fall. Neue Experimente oder Beobachtungen bzw. neue Wege theoretischer Forschung werden angeregt. Letzteres soll im Unterschied zur *approximativen* Eigenschaft der Modelle die *heuristisch-prognostische* Eigenschaft von Modellen genannt werden.

Diese Eigenschaft schließt ein, daß in einem ideellen Modell mögliche Beziehungen modelliert werden, die in materiellen Modellen, in Experimenten u. a. zu wirklichen

Beziehungen werden können. Das betrifft das Problem technischer Modelle, die Anwendung von Modellen zur Prognose bestimmter Erscheinungen, die Vorbereitung von Experimenten — auch in der Physik, insbesondere dort, wo Wechselwirkungen zwischen Meßgeräten und Untersuchungsobjekten für den Aufbau physikalischer Theorien nicht vernachlässigt werden können. Die Modellierung geschieht immer auf der Grundlage bestimmter, bereits erkannter Gesetze und unter Berücksichtigung entsprechender Regeln der Modellbildung. Sie kann über den Forschungsprozeß zur Erkenntnis neuer Gesetze beitragen, wobei ein hohes Maß an Phantasie, Intuition notwendig ist.

Die wichtigste Funktion von Modellen, mit ihrer Hilfe neue Erkenntnisse über das Untersuchungsobjekt gewinnen zu können, wurde von vielen Wissenschaftlern erkannt. Bei einigen Physikern insbesondere des 19. Jahrhunderts führte dies — wie bereits erwähnt — zu einer Überschätzung der Leistungsfähigkeit dieser Erkenntnismethode allgemein und der mechanischen Modelle insbesondere. Von W. THOMSON und anderen Physikern wurden fälschlicherweise Modell und Wirklichkeit identifiziert. Die erkenntniskritischen Analysen solcher Positionen durch H. POINCARÉ u. a. führten oft zu dem anderen Extrem, daß alle in der Physik verwendeten Bilder inhaltsleer oder beliebig auswechselbar seien. Die berechtigte Kritik am metaphysischen, unrichtigen Verständnis der Abbildung realer Objekte und Prozesse in ideellen Modellen schlug um in eine konventionalistische Aufgabe des Widerspiegelungsbegriffes für die Modellmethode, darüber hinaus in eine Übertonung des konstruktiven Elements in einigen neothomistisch geprägten Auffassungen.

Unterschiedliche Meinungen über die Bedeutung der Modellmethode werden von Physikern bis in die Gegenwart vertreten. Jedoch folgern viele Physiker aus den Resultaten ihrer Forschungstätigkeit, daß selbst mit stark vereinfachten Modellen bereits wesentliche Beziehungen abgebildet und Verallgemeinerungen (evtl. mit etwas größerem Aufwand) auch in Fällen getroffen werden können, in denen die konkreten einzelnen realen Objekte oder Prozesse der Untersuchung eine kompliziertere Struktur besitzen.[55]

Dagegen stehen Auffassungen wie die des Physikers W. WESTPHAL, die letzten Endes mit der physikalischen Forschung in Widerspruch geraten. Er meint, daß es die eigentliche Aufgabe der Physik sei, „die Vorgänge in der toten Welt durch Modelle (im weitesten Sinne) zu beschreiben. Die Physik kann nicht die Wirklichkeit erkennen, die Modelle sind nur Bilder und nicht identisch mit der Wirklichkeit. Sie sind Abbildungen der physikalischen Vorgänge, in denen bestimmte Strukturen und Beziehungen einfacher und übersichtlicher auftreten, als sich diese in den Erscheinungen selbst zeigen."[56] Betrachtet man diese Auffassung, so stehen zwei Aspekte im Vordergrund. Einmal kann die „ganze" objektive Realität, mit den unendlich vielen qualitativ und quantitativ unterschiedlichen Objekten und Beziehungen durch die Physik nicht erfaßt, nicht erkannt werden. Die Physik kann jedoch bestimmte Beziehungen in dieser objektiven Realität widerspiegeln. Im Erkenntnisprozeß dringt sie immer tiefer in das Wesen der von ihr untersuchten Erscheinungen ein. In diesem Sinne ist die Formulierung, daß die Physik die Wirklichkeit nicht erkennen kann Agnostizismus, dem WESTPHAL hier folgt. P. JORDAN behauptete, daß die Physik nicht darauf aus sei, das „wahre Wesen" der Erscheinungen zu erklären.[57] Diese Auffassungen geraten mit der gesellschaftlichen Praxis als Kriterium der Wahrheit unserer theoretischen Erkenntnisse, mit der täglichen Praxis physikalischer Ergebnisse in der Technik, in Konflikt. W. I. LENIN charakterisierte solche letzten Endes agnostizistischen Auffassungen bezüglich ihrer Vertreter treffend in seinem Werk „Materialismus und Empiriokritizismus": „Worin besteht aber das *Wesen* ...? Darin, daß er über die Empfindungen *nicht hinausgeht*, daß er *diesseits der Erschei-*

nungen stehenbleibt und darauf verzichtet, hinter den Grenzen der Empfindungen irgend etwas ‚Gewisses' zu sehen. Von *diesen Dingen selbst* (d. h. von den Dingen an sich, den ‚Objekten an sich', wie die von Berkeley bekämpften Materialisten sagten) können wir nichts Gewisses wissen — so lautet die ganz bestimmte Erklärung des Agnostikers."[58]

WESTPHAL betont aber andererseits, daß die Modelle vereinfachte und übersichtliche Abbildungen physikalischer Vorgänge sind. Wie läßt sich dies mit der Auffassung vereinbaren, daß die Physik die Wirklichkeit nicht erkennen könne? Vielleicht gehören für ihn physikalische Vorgänge nicht zur Wirklichkeit, sind sie für ihn nicht Teil (Eigenschaften, Beziehungen) dieser Wirklichkeit?

Vergleicht man damit eine 1945 von ihm geschriebene Einführungsvorlesung über die Physik und ihre Methodik, so findet man noch eine andere Auffassung, die man von ihrer Grundhaltung der späteren entgegenhalten könnte, auch wenn die genannte Zielstellung physikalischer Forschung einseitig ist: „Ich habe gezeigt, wie Experiment und Theorie in gemeinsamer Arbeit zu neuen und immer tieferen Naturerkenntnissen gelangen, wie also physikalische Forschung zunächst um der Erkenntnis selbst willen getrieben wird."[59]

Im Zusammenhang mit der Betrachtung des Welle-Teilchen-Dualismus in der Quantenmechanik kam er 1958 zu den Schlußfolgerungen: „Die Erwartung, hier einmal zu einer Wahrheit im Sinne eines Wissens von einem sogenannten wahren Wesen der Erscheinungen vorzudringen, ist endgültig aufzugeben". Und bezüglich des Wahrheitsgehaltes von Modellen und ihrer Rolle bemerkte er: „Obgleich also die Modelle des Teilchens oder der Welle keinen wirklichen Wahrheitsgehalt besitzen, sind sie doch von großem Nutzen, weil sie uns — jedes an seinem richtigen Platz verwendet — als Hilfsmittel beim forschenden Denken dienen, bei dem wir ohne ein wenigstens geistiges Anschauen nicht auskommen. Sie sind aber, und das sei nachdrücklich betont, in keiner Weise eine Erkenntnis, sondern nur ein Hilfsmittel unseres Denkens."[60] Die hier formulierte Auffassung ist nur Konsequenz der bereits früher (1952) vertretenen Meinung. Westphal kommt bei seinem Versuch einer philosophischen Interpretation physikalischen Forschens zu agnostizistischen Anschauungen, die denen des Neopositivismus verwandt sind, der den Modellen jeglichen objektiven Wahrheitsgehalt abspricht, sie als *Form* der Erkenntnis negiert. Seine Konzeption läuft darauf hinaus, — ob er es will oder nicht — das Wesen der quantenmechanischen Erscheinungen wie der Wirklichkeit überhaupt für unerkennbar zu erklären und die objektive Wahrheit[61] bzgl. wissenschaftlicher Modelle überhaupt abzulehnen, wie dies auch bei P. Jordan geschieht. Modelle werden lediglich als Hilfsmittel des „forschenden Denkens" angesehen. Einen ähnlichen Standpunkt vertrat bezüglich allgemeiner Fragen wissenschaftlicher Erkenntnis auch der Physiker Poincaré. Wenn er den Begriff „Bild" benutzte, verwendete er ihn jedoch in weiterer Bedeutung.[62]

In einigen neopositivistischen Betrachtungen der Modellproblematik werden Modelle lediglich bezüglich ihrer „Zweckmäßigkeit" bzw. „Gedankenökonomie" betrachtet, wobei man sich wesentlich auf Machs und Poincarés Auffassungen stützt. Auch einige neoscholastisch geprägte Auffassungen tendieren zu der Meinung, „der Physiker beabsichtigt ... gar nicht, eine Realerklärung zu geben." Die Modelle bestünden nur aus einer Hilfskonstruktion vorgestellter Relationen, die so beschaffen seien, daß man damit die festgestellten Naturgesetze ausdrücken könne.[63]

Das Modell wird auch hier als logisches oder mathematisches Gebilde verstanden, das keinen Bezug mehr zu den Erscheinungen hat, zu deren Untersuchung es eigentlich dienen soll. Es ist in der Forschung lediglich Hilfsmittel und wird nicht als Abbild wirklicher Erscheinungen verstanden, mit dessen Hilfe objektiv-reale Erscheinungen untersucht werden. Hier sei an einen Ausspruch M. Borns erinnert, dem man sich voll anschließen kann: „Der Naturforscher sollte sich ... immer bewußt sein, daß alle Erfahrung auf Sinneswahrnehmung beruht. Ein Theoretiker, der über den abstrakten Formen die Erscheinungen vergißt, zu deren Deutung sie dienen, ist kein richtiger Naturforscher ... Wir haben ein vollständiges Gleichgewicht zwischen Experiment und Theorie, zwischen sinnlicher und intellektueller Wirklichkeit und müssen bedacht sein, es uns zu erhalten.“[64]

2.3.3. Stufen der Modellbildung

Wenden wir uns den Stufen der Modellbildung zu. Dabei geht es nicht in erster Linie um heuristische Regeln der Modellbildung[65], sondern um allgemeine, erkenntnistheoretisch-methodologische Aspekte dieses Prozesses. Einige Autoren unterscheiden zwischen a) der Etappe des Aufbaus der Modelle und b) der der Verwendung der Modelle[66]. Diese Unterscheidung scheint für den zu untersuchenden Zusammenhang nicht auszureichen, da sich die verschiedenen Etappen des Aufbaus der Modelle und der Arbeit mit ihnen (ihrer Verwendung) i. R. überschneiden, einander bedingen und befruchten. Eine erkenntnistheoretisch-methodologische Untersuchung solcher Etappen der Modellbildung sollte daher noch weitergehen. WÜSTNECK unterscheidet folgende Etappen (bzw. Hauptabschnitte): 1. Auswahl oder Herstellung eines zweckentsprechenden Modells, wobei von der gegebenen Aufgabe, den Eigenschaften des Objektes und den Bedingungen ausgegangen wird; 2. Bearbeitung des Modells und Gewinnung von Informationen über das Modell; 3. Ableitung von Informationen über das Original (insbesondere durch Analogieschluß); 4. Durchführung der Aufgabe direkt gegenüber dem Original durch Verifizierung der in 3. abgeleiteten Informationen und evtl. Entscheidung für am Modell vorzunehmende Verbesserungen.[67] BUSLOVA nennt beispielsweise 7 Etappen: 1. Aufgabenstellung; 2. theoretische und experimentelle Vorbereitung; 3. Schaffung des Modells; 4. Erforschung des Modells; 5. Übertragung der erhaltenen Information auf das untersuchte Objekt; 6. Vorschlagen einer wissenschaftlichen Hypothese auf der Grundlage der erhaltenen Daten und ihre Überprüfung; 7. Einbringen des neuen Wissens in die wissenschaftliche Theorie.[68]

Dazu wäre anzumerken, daß nicht jeder Modellbildungsprozeß zur Einordnung des neuen Wissens in eine wissenschaftliche Theorie führt. Dieser Schritt wird durchaus nicht immer gegangen. Auch gibt es in der Physik genügend Fälle, in denen Modelle einen (*relativen*) Abschluß eines Forschungsprozesses bilden, weil allgemeinere, alles zusammenfassende, Theorien noch nicht vorliegen (Kernphysik, Elementarteilchenphysik).

Weiterhin führt auch nicht jede Modellbildung zu einer wissenschaftlichen Hypothese, obgleich natürlich das mittels des Modells gewonnene Wissen stets nur wahrscheinliches Wissen ist und erst noch im Laufe der Forschung bestätigt werden muß. Der Grad der Wahrscheinlichkeit ist dabei sehr unterschiedlich, je nach dem, wieviele Erkenntnisse über das Original bereits vorhanden sind.

Die Arbeit mit dem ausgewählten bzw. aufgestellten Modell (manchmal sind es sogar eine Reihe von Arbeitsmodellen, die in der weiteren Forschung eliminiert werden), geht auf unterschiedlichste Weise vor sich. Mit materiellen Modellen können beispielsweise in Modellexperimenten Untersuchungen durchgeführt werden. Ideelle Modelle werden hinsichtlich ihrer mathematischen Konsequenzen oder in Gedankenexperimenten untersucht usw., bevor Schlußfolgerungen für praktische Beobachtungen, Experimente u. ä. gezogen werden. Ein Sonderfall ist die Modellierung solcher Objekte, die uns wegen ihrer räumlichen und zeitlichen Entfernung nur sehr vermittelt, auf Grund von Beobachtungen zugänglich sind. Tursunov untersucht ein klassisches Schema der kosmologischen Modellierung und gelangt zu folgenden Etappen oder Stufen der Modellbildung:

1. Eine entsprechende theoretische Basis wird gewählt

und in einigen Fällen unter Berücksichtigung der qualitativen Eigentümlichkeit des Erkenntnisobjektes der Kosmologie vorläufig verallgemeinert (insbesondere durch Ergänzung der Gleichungen aus den Theorien der Lokalphysik durch Parameter, die mögliche Effekte kosmologischen Maßstabs in Betracht ziehen);

2. gedankliche Ausdehnung der Grenzen und (gedankliche) Vereinfachung der Struktur des materiellen Objekts, das auf der Ebene der Beobachtung gegeben ist (astronomisches Universum), in eine für die theoretische Aneignung bequeme Form (Schaffung eines idealisierten Objektes = hypothetischer Prototyp des kosmologischen Universums oder des Universums als Ganzes);

3. theoretische Analyse des Verhaltens des idealisierten Objekts auf der Grundlage des vorhandenen fundamentalen Kenntnisse und Ableitung von Schlußfolgerungen über seine räumliche Struktur und den Charakter der Evolution im Ganzen;

4. allgemeine empirische Interpretation des erhaltenen theoretischen Modells, d. h. Identifikation mit der „kosmologischen Realität" und darauffolgenden Voraussagen früher nicht bekannter Eigenschaften und Verhältnisse des beobachtbaren (astronomischen) Universums.[69] Der Autor weist darauf hin, daß das durch diese Modellbildung erhaltene theoretische Objekt nur die Geometrie und Dynamik des evolvierenden Universums reproduziere[70], daher soll hier lediglich der erkenntnistheoretisch-methodologische Aspekt dieses Schemas interessieren.

Ausgangspunkt jeder Modellbildung ist demnach stets eine gewisse theoretische Grundlage. In diese Modellbildung fließen die durch Beobachtungen gewonnenen Fakten mit ein (in anderen Fällen die durch Experimente, in der Produktion usw. gewonnenen Fakten), dabei wird stets in gewisser Hinsicht von bestimmten Eigenschaften und Beziehungen des Objektes abstrahiert. Das geschaffene idealisierte Objekt hat eine Form, mit der theoretisch gearbeitet werden kann. Sein Verhalten wird theoretisch analysiert, Schlußfolgerungen über das Modell werden abgeleitet und in einer nächsten Stufe auf das Original (die „kosmologische Realität") übertragen, evtl. werden neue Eigenschaften und Beziehungen voraussagbar. Untersucht man ähnliche Modellbildungen in anderen Wissenschaften oder in der Technik, so werden sich sicherlich unterschiedliche Aspekte hervorheben lassen. Man kann allgemeine Stufen der Modellbildung abheben. Bei konkreten Untersuchungen anhand von Fallstudien ist man gehalten, den im Modell erreichten Stand der Gesetzeserkenntnis für die Spezifizierung der einzelnen Stufen heranzuziehen. In dieser Hinsicht sind Stufen der Modellbildung und Grad der Gesetzeserkenntnis im und mittels des Modells verbunden, was an Beispielen erläutert werden soll.

Bei den unterschiedenen Stufen der Modellbildung[71] geht es unter anderem auch darum, Modelle in Theorienbildungsprozesse einzuordnen, wobei ideelle Modelle Vorstufe oder Interpretationsmodell einer Theorie sein können. Die erkannten Stufen der Modellbildung erleichtern die Aufdeckung des Zusammenhangs von Modellbildung und Theorienbildung, weisen in gleichem Maße aber ebenfalls immer wieder auf die praktische Nutzung der aus der Modellierung gewonnenen Erkenntnisse hin.

Wenn man bei der Modellbildung verschiedene Stufen unterscheidet, so finden wir in konkreten Fällen sicher unterschiedliche Ausprägungen, verschiedene Beziehungen zwischen diesen Stufen:

1. Ausgangspunkt jeder Modellbildung ist jedoch stets die Suche nach dem Modell bzw. die Herausbildung eines ersten wenn auch manchmal sehr groben Ausgangsmodells, wobei jedem materiellen Modell mehr oder weniger ausgearbeitete ideelle Modelle vorausgehen. Zur Interpretation der durch innertheoretische Entwicklungen des mathematischen Apparates entstehenden Gleichungssysteme bzw. Theorien werden in Einzelwissenschaften wie der Physik ideelle Interpretationsmodelle gesucht.

Diese Stufe nennen wir eine *heuristische Stufe*. Sie schließt die *Formulierung des Problems, des Zweckes* der Modellbildung ein (z. B. Theorienbildung oder Überleitung von Ergebnissen in die Praxis) und baut stets auf vorhandenen Erkenntnissen auf, z. B. auf vorhergehende Modelle, Theorienansätze, Theorien. Es kann vorkommen, daß eine Reihe von Arbeitsmodellen, die miteinander konkurrieren können, entstehen, deren Zahl erst im Laufe der Forschung reduziert wird.

Bei der Aufstellung der Ausgangsmodelle spielt die Intuition des Forschers eine große Rolle — oftmals muß gedacht werden, was vorher noch nicht erdacht war. Von Physikern wird betont, daß gerade das Überdenken der Möglichkeiten, welche Modelle anhand der vorhandenen Ergebnisse aus Experiment und Beobachtung, allgemeiner der vorliegenden Fakten, der erkannten Naturgesetze und der logischen Regeln bezüglich der zu untersuchenden Erscheinungen möglich sind, den schöpferischen Teil der Anwendung von Modellen bei der Theorienbildung und -interpretation darstellt. Die manchmal mögliche Vielzahl von Arbeitsmodellen wird im Laufe der Forschung immer mehr reduziert in Abhängigkeit von den bekannten oder im Laufe der Forschung erkannten Naturgesetzen sowie den Gesetzen und Prinzipien der Modellbildung. Beispielsweise erleichtern die Anwendungen mathematischer Variationsmethoden die Modellauswahl.[72]

Wie bereits erwähnt, stellen ideelle Modelle ebenso wie andere theoretische Formen und Mittel der Erkenntnis immer ein ideelles Abbild dar, in dem man eine „Einheit" von Abbild und Entwurf feststellen kann. Insofern im Modell bereits erkannte Gesetzmäßigkeiten bewußt widergespiegelt werden und es als Modell bestimmte Eigenschaften und Beziehungen objektiver Erscheinungen abbildet, ist es Abbild. Der Begriff „Entwurf" (Konstruktion) muß jedoch in mehrfacher Weise verstanden werden: Solange nämlich nicht in Experimenten oder mittels Beobachtungen nachgewiesen ist, daß das Modell tatsächlich bestimmte Eigenschaften und Beziehungen des Originals adäquat widerspiegelt, ist es im großen Maße „Entwurf“, trägt es in hohem Grade hypothetischen Charakter. Die Züge des Modells, von denen sich herausstellte, daß sie aufgegeben werden mußten, waren aber ebenfalls wie die bleibenden Kennzeichen des Modells zunächst (in bezug auf die Modellbildung insgesamt) „entworfen“. Außerdem stellt das Modell keine Kopie des Originals dar, sondern besitzt in mehr oder weniger großem Umfang Züge, die keine Entsprechung im Untersuchungsobjekt (Original) finden und oftmals rein ideelle Konstruktionen sein können, mit deren Hilfe jedoch die Eigenschaften und Beziehungen der untersuchten Objekte und Prozesse im Modell immer adäquater widergespiegelt werden können. Die Frage nach der Einheit von Abbild und Entwurf schließt hypothetische Annahmen bei der Modellbildung mit ein, ist jedoch nicht auf diesen Aspekt beschränkt. Sie betrifft direkt die aktive schöpferische Widerspiegelung der Wirklichkeit in der wissenschaftlichen Erkenntnis derselben.

2. Das in der Ausgangsstufe der Modellbildung entstandene Modell (bzw. noch mehrere Arbeitsmodelle) wird abhängig von der Zielstellung und der Art des Modells untersucht. Mit ihm wird gearbeitet. Dies geschieht je nachdem in Modellexperimenten, Computerexperimenten (-simulationen), Gedankenexperimenten bzw. in der Prüfung der mathematischen Konsequenzen des einzelwissenschaftlichen (oder mathematischen) Modells. In Modellexperimenten wird beispielsweise das Verhalten des Modells unter variierten Bedingungen untersucht. Die theoretische Arbeit mit dem Modell kann Ausgangspunkt bzw. Schritt in der Theorienbildung und -interpretation oder Voraussetzung der Überleitung der theoretischen Erkenntnisse in die praktische Nutzung (z. B. auch mittels der Schaffung materieller Modelle und der weiteren Arbeit mit ihnen) sein. Diese Stufe wollen wir *kognitive Stufe* nennen.

3. Damit eng zusammenhängend, oft nicht von der

kognitiven Stufe zu trennen, ist die Anwendung der mittels der Arbeit am Modell gewonnenen Erkenntnisse auf das Original (evtl. durch eine andere Forschergruppe). Diese Stufe nennen wir *pragmatische Stufe*. Sie dient der Überleitung theoretischer Erkenntnisse in die Praxis (Experiment, Beobachtung, Produktion usw.), z. B. der Voraussage und Beobachtung bisher nicht bekannter Erscheinungen. Wesentliches Mittel der Überprüfung der in der Modellbildung gewonnenen Erkenntnisse ist das Experiment. Es ist ein Kriterium für die Adäquatheit der Widerspiegelung bestimmter Eigenschaften und Beziehungen des Originals im Modell. Letztendlich entscheidet es auch, ob ein mittels Experiment oder Beobachtung überprüfbares Modell aufzugeben, beizubehalten oder abzuändern ist. Es erleichtert damit auch dem Forscher direkt die Entscheidung für ein Modell (oder zueinander komplementäre Modelle) aus einem Feld möglicher Arbeitsmodelle.

4. Die entstandenen Modelle bzw. die weiterführenden theoretischen Reflexionen über sie können u. U. allgemeineren Vorstellungen zugeordnet werden (*erklärende Stufe*). Insbesondere sind, wie bereits erwähnt, Modelle als Interpretation, Veranschaulichung einer Theorie von Bedeutung. Letzteres geschieht natürlich nicht in jedem Modellbildungsprozeß. Die aufgezeigten Stufen sind daher in konkreten Fällen immer zu spezifizieren, was im 3. Kapitel anhand von Beispielen aus der Festkörperphysik geschehen soll.[73]

Die Stufen der Modellbildung verdeutlichen den Weg von den abstrakten ideellen Modellen zu ihrer praktischen Ausnutzung bzw. zur Bildung von Theorien als Zusammenfassung der wesentlichen Bestimmungen in einem relativ abgeschlossenen System des Wissens. Sie zeigen also in diesem Sinne auch das Aufsteigen des Abstrakten zum geistig reproduzierten Konkreten. In diesen Stufen ist aber gleichfalls die Möglichkeit verdeutlicht, über (die zunehmend theoretisch begründete, untersetzte) Wahrnehmung der Erscheinungen zur Hervorhebung einzelner wesentlicher Seiten in ideellen Modellen, in Abstraktionen, zu gelangen bzw. dann diese wesentlichen Seiten u. U. auch durch materielle Modelle zu repräsentieren.

3. Stufen der Modellbildung: Fallstudien

3.1. Einige Aspekte der Entwicklung gitterphysikalischer Vorstellungen bei Kristallen

Die Geschichte der Vorstellungen über den Aufbau fester Körper, speziell von Kristallen, ist für den Philosophen in folgender Hinsicht von Bedeutung: In den Vorstellungen solcher Wissenschaftler wie D. Guglielminis, R. Hooke, Ch. Huygens, Lomonossov, Haüy, Seeber und vielen anderen im 17., 18. und 19. Jahrhundert über den Aufbau der Kristalle kommt eine tiefe Überzeugung von der Existenz objektiv wirkender Gesetze in der Natur zum Ausdruck.

Diese Überzeugung äußert sich aber weniger in philosophischen Reflexionen über physikalische Ergebnisse oder methodologische Probleme. Sie zeigt sich in erster Linie in der konkreten wissenschaftlichen Arbeit, in den Ergebnissen dieser Arbeit und ihrer physikalischen Interpretation. Die Regelmäßigkeit des Aussehens und der äußeren Form der aus natürlichen Vorkommen stammenden wie der im Labor gewachsenen Kristalle habe, nach Ch. Kittel, die Beobachter seit dem 17. Jahrhundert immer wieder zu der Überzeugung gebracht, daß Kristalle durch eine regelmäßige Wiederholung gleicher Bausteine entstehen. Wächst ein Kristall unter konstanten Umgebungsverhältnissen, so ändert sich seine Form während des Wachstums nicht, als ob ihm kontinuierlich identische Bausteine hinzugefügt würden.[1]

1669 fand N. Steno das Gesetz der Winkelkonstanz der Kristalle. Damit entstand die Kristallographie, die einen großen Beitrag auch zum allgemeinen Verständnis des Symmetrie- und des Strukturbegriffes leistete.[2]

M. W. Lomonossov kam beispielsweise 1739 zu der Ansicht, daß bei der Kristallisation von Salzkristallen Salzkorpuskeln in unmittelbare Berührung miteinander gelangen, ihre Kohäsion fester wird und sie Kristalle bilden, nachden sie sich in großer Anzahl angesammelt haben.[3] In seinen Bemerkungen zur Theorie des Lichtes und der Elektrizität von 1756 spricht er die Überzeugung aus, daß die Kristalle der Salze ein geometrisches Maß und Winkel hätten, daß auch ihre kleinsten Bestandteile geometrisch zusammengesetzt sind.[4] Die Überlegungen waren also nicht nur auf die unterschiedlichen äußeren Formen und das Wachstum der Kristalle gerichtet, sondern auch auf den inneren Aufbau, um sowohl Formen als auch Wachstum der Kristalle besser zu erklären. R. H. Haüy leistete noch im 18. Jahrhundert auf diesem Wege einen wesentlichen Beitrag zum Fortschritt der Kristallographie. So konnte am Ende des 19., Anfang des 20. Jahrhunderts in einer „Geschichte der anorganischen Naturwissenschaften im Neunzehnten Jahrhundert" eingeschätzt werden, daß die Lehre von den Mineralien früher „trockene Nomenklatur und Systematik gewesen" sei.

Haüy hatte ganz neue Gedanken, indem er „aus der Verhüllung den die Mineralspezies bestimmenden Kristallkörper herausschälte und durch den Aufbau aus gleichartigen Atomen zu erklären suchte".[5]

Dabei versuchte Haüy, seine molekulartheoretische Lehre mathematisch zu begründen. 1824 schlug A. L. Seeber vor, die Elementarbausteine der Kristalle als kleine Kugeln zu betrachten. Er verband in seinen Modellvorstellungen die atomaren Modellvorstellungen der Chemie mit den physikalischen Auffassungen über den Raumgitteraufbau der Kristalle. Hier zeigt sich in der Geschichte der Physik der Versuch, ein kompliziertes Vielteilchensystem durch die Wechselwirkung seiner Bausteine, Elemente, zu erklären. Die Bausteine selbst wurden aber als kleine homogene Kugeln im Sinne des in der Chemie vorherrschenden Atombegriffs angesehen, die sich in dieser Wechselwirkung selbst nicht verändern. Dazu schreibt CH. KITTEL, daß SEEBER ausgehend von den atomistischen Vorstellungen der Chemie und den physikalischen Auffassungen über den Raumgitteraufbau der Kristalle auf empirischer Grundlage ein Gesetz für die interatomaren Kräfte mit anziehenden und abstoßenden Bereichen aufstellte. Dabei ist diese Voraussetzung erforderlich, um eine Gitterordnung als das stabile Gleichgewicht eines Systems identischer Atome zu erhalten.[6]

So hielten, abgesehen von dem Versuch D. BERNOULLIS, eine kinetische Gastheorie zu entwickeln, atomistische Vorstellungen eigentlich lange vor der kinetischen Gastheorie ihren Einzug in die Physik. Interessant ist, daß ähnlich wie in der kinetischen Gastheorie die atomistischen Vorstellungen zur Erklärung von Vielteilchensystemen herangezogen wurden. Es ist durchaus möglich, daß die Beobachtungen des regelmäßigen Wachstums der Kristalle aber insbesondere auch die vorherrschende mechanistische Auffassung von der Natur einen wesentlichen Einfluß auf die Entwicklung der SEEBERschen Gedanken hatte.

Die Arbeit von SEEBER fand anfangs jedoch keine Resonanz. Erst 1879 wurde sie von L. SÖHNCKE wieder aufgegriffen.[7] In den 40er Jahren des 19. Jahrhunderts gab es weitere ernsthafte Versuche, den Dingen auf den Grund zu gehen. G. DELAFOSSE veröffentlichte 1843 seine Arbeit „Über die Struktur der Kristalle und die davon abhängigen physikalischen Erscheinungen“[8]. Im Laufe des Forschungsprozesses wurden diese Probleme immer wieder aufgegriffen, und im 20. Jahrhundert führte dies zur Entwicklung der Festkörperphysik im engen Zusammenhang auch mit der Entwicklung der Kristallographie. Ursprünglich sehr grobe Vorstellungen mußten verfeinert, abgeändert werden. Andere wurden erst später und manchmal in anderer Form wieder aufgegriffen, wie es offensichtlich mit den SEEBERschen Vorstellungen geschah. Gleichzeitig aber war das von SEEBER entwickelte Modell ein Vorläufer der heutigen gitterphysikalischen Vorstellungen. Das SEEBERsche Modell war ein mechanisches Modell, das genau dem herrschenden Ideal der Erklärung der Naturerscheinungen in mechanischen Begriffen entsprach, das die Naturforscher des 17., 18. und 19. Jahrhunderts in wesentlichen Zügen begleitete und erst am Ende des 19. Jahrhunderts wirklich auf seine Schranken stieß.

An den betrachteten Beispielen ist interessant, wie sich korpuskulare bzw. atomistische Vorstellungen mit den ersten wissenschaftlichen und vor allem nachweisbaren Modellen über den Aufbau objektiver Materiestrukturen fester Körper verbanden. Dabei ist wesentlich, daß diese Modelle und Theorienansätze über den Kristallaufbau vor allem aus einer Vielzahl von Beobachtungen und ersten einfachen Experimenten gewonnen wurden. Dieser kleine Exkurs in die Geschichte der Wissenschaften sollte zeigen, daß Modelle als Vorstufe oder Vorstufen einer wissenschaftlichen Theorie noch in anderer Hinsicht auftreten können: Sie können historische Vorläufer eines Modells sein, das einer heute anerkannten Theorie zugrunde liegt. Damit sind sie wesentlicher Bestandteil der heuristischen Stufe der Modellbildung, der Stufe der Suche nach dem Ausgangsmodell, auch wenn sie nicht unmittelbar in dieses Ausgangsmodell mit eingehen oder gehen dieser voraus. Es soll nun gezeigt werden, wie diese Stufen in einem konkreten Modellbildungsprozeß aussehen. Es wird nachgewiesen, daß die vorgenommene Trennung der Stufen relativ ist. Sie erleichtert aber die Analyse konkreter Prozesse der Modellbildung.

3.2. *Zur Geschichte der Modelle der elektrischen Leitungsmechanismen in Metallen*

Der elektrische Leitungsmechanismus bei Festkörpern wird schon lange untersucht. Dabei wurden Forschungen zur Natur der Elektrizität bereits von W. GILBERT (1540–1603), C. F. DE CISTERNAY DUFAY (im 18. Jh.) und B. FRANKLIN (1706–1790) durchgeführt. FRANKLIN schlug beispielsweise vor, die Elektrizität auf atomarer Basis zu erklären. Die elektrische Leitung in Festkörpern konnte ihre Erklärung aber erst auf der Grundlage des Studiums der Elektronen im Festkörper finden und war damit eng mit der Entwicklung der Atomvorstellungen und der Quantenmechanik im 20. Jahrhundert verbunden.

Im 19. Jahrhundert wurden zahlreiche Untersuchungen der Leitfähigkeit von Metallen durchgeführt. Auf experimentellem Wege wurden allgemein-notwendige und wesentliche Zusammenhänge aufgedeckt, die in wissenschaftlichen Gesetzen formuliert werden konnten. Das waren solche empirisch gefundenen Gesetze, wie das von G. S. Ohm 1826 hergeleitete, in dem die Proportionalität von Stromstärke und Spannungsdifferenz formuliert wurde.

1853 wurde das Wiedemann-Franzsche Gesetz aufgestellt, das eine Beziehung zwischen elektrischer und thermischer Leitfähigkeit für einige Metalle gab. Es wurde später durch H. A. Lorentz verallgemeinert.

1900 benutzte P. Drude bei der Modellbildung die Analogie des idealen Gases. Lorentz erweiterte 1905 dieses Modell unter Einbeziehung der Boltzmann-Statistik. Der Festkörper wird als „Kasten" angesehen, der ein Elektronengas enthält, das der klassischen Boltzmannschen Statistik genügt und für das man eine Geschwindigkeitsverteilung berechnen kann. Im Modell ist also der Festkörper in zwei nicht miteinander wechselwirkende Systeme zerlegt, in das aus Atomrümpfen (Atomkern und gebundene „innere" Elektronen) bestehende Gitter und ein Elektronengas. Das heißt, auf die im Festkörper relativ frei beweglichen Elektronen, die in Metallen Stromträger sind, wird die Analogie des idealen Gases angewendet. Es wird ein klassisches „Elektronengas" betrachtet. Darin besteht das Modell freier Elektronen.

Es konnte erst auf einer bestimmten Erkenntnisstufe, einem bestimmten Niveau der Entwicklung der Physik aufgestellt werden. Ihm liegen im Gegensatz zu früher aufgestellten Modellen eine bedeutend größere Anzahl von Beobachtungen und Experimenten und bereits ausgearbeiteten physikalischen Theorien zugrunde. Das schließt eine große Anzahl bereits experimentell gefundener Gesetzmäßigkeiten mit ein, wie das OHMsche Gesetz, das WIEDEMANN-FRANZsche Gesetz u. a. Es wurde Anfang einer Epoche entwickelt, in der grundlegende Veränderungen und Umwälzungen in der Physik vor sich gingen und seine weitere Anwendung und Entwicklung konnte davon nicht unbeeinflußt bleiben.

Weiter kann man festhalten, daß sich im Prozeß der Mathematisierung der Physik der Charakter der Festkörpermodelle änderte. Bereits beim Modell des freien Elektrons kann man nicht mehr von einem bildlichen Modell sprechen, während man die FRANKLINschen Vorstellungen noch dazu rechnen kann. Es handelt sich beim Modell des freien Elektrons vielmehr um ein sogenanntes vermischtes Modell (aus bildlichen und „symbolischen“ Anteilen bestehend, beachtet man doch im Modell, daß das „Elektronengas“ von bestimmten statistischen Gesetzmäßigkeiten beherrscht wird).

Auf der Grundlage des Modells des freien Elektrons konnte die klassische Theorie schon lange vor der Entwicklung der Quantenmechanik gewisse erfolgreiche Erklärungen bestimmter Phänomene in Metallen geben, was eng mit der in den Experimenten erreichbaren Meßgenauigkeit zusammenhing, wie die Erklärung des WIEDEMANN-FRANZschen-Gesetzes, d. h., des Zusammenhangs zwischen elektrischer Leitfähigkeit und Wärmeleitfähigkeit. Aus dem Modell ließ sich das OHMsche Gesetz ableiten. Dieses auf experimentellem Wege gefundene Gesetz erhielt, dem damaligen Wissensstand entsprechend, eine befriedigende Erklärung. Das relativ einfache Modell bewährte sich also tatsächlich bei der Erklärung bestimmter Erscheinungen. Man konnte mit ihm arbeiten und experimentelle Schlußfolgerungen konnten aus ihm abgeleitet werden. Das heißt, dieses Modell konnte einige wesentliche Seiten des elektronischen Verhaltens der Metalle in guter Näherung widerspiegeln, was eine große Anzahl von Physikern zu übertriebenem Optimismus verleitete.

Das Modell war anerkannt, man hoffte, auf der Grundlage dieses Modells des freien Elektrons die Theorie erfolgreich weiterzuentwickeln. Doch gab es in der Folgezeit eine große Zahl von Experimenten, deren Ergebnisse nicht mit den Folgerungen aus dem Modell in Einklang standen.

Bei der Untersuchung der spezifischen Wärme und des Beitrages des Elektronengases der Festkörper zur spezifischen Wärme ergab sich, daß sich das Verhalten der spezifischen Wärme bei Metallen mittels des Gleichverteilungssatzes, der kinetischen Gastheorie nicht erklären ließ. Aus dem Gleichverteilungssatz folgte ein gegenüber den experimentellen Ergebnissen um 50% zu großer Wert. Klassisch konnte die spezifische Wärme des Elektronengases nicht erklärt werden. Bei den vorhandenen hohen Elektronenkonzentrationen in Metallen (bis zu 10^{23} Teilchen pro cm^3) liegen bei normalen Temperaturen (in der Regel mindestens bis etwa 10000 Grad Kelvin) keine klassischen Bedingungen vor. Ebenfalls schlugen Versuche fehl, die magnetischen Eigenschaften und die Temperaturabhängigkeit der Leitfähigkeit zu erklären.

Es wurde notwendig, das Ausgangsmodell zu verändern, um eine bessere Erklärung der Erscheinungen geben zu können. Diese Veränderung war, obgleich im Modell wesentliche Züge des Ausgangsmodells erhalten blieben, ebenso radikal wie die gesamte Änderung grundlegender Vorstellungen und Begriffe mit Entwicklung der Quantenmechanik. Die in Metallen herrschenden Bedingungen konnten teilweise durch Einführung quantenmechanischer Betrachtungsweisen in das Ausgangsmodell erklärt werden. Im Ausgangsmodell mußte berücksichtigt werden, daß auf die Elektronen die Gesetze der Quantenstatistik bei entsprechend vorliegenden nichtklassischen Bedingungen anzuwenden sind.

W. Pauli zeigte 1928 für einen Sonderfall (Paramagnetismus der Leitungselektronen), daß die Fermi-Statistik auch auf die Drudeschen Vorstellungen anwendbar war. Ebenfalls 1928 übertrug Sommerfeld die Fermi-Statistik systematisch auf die Drudeschen Vorstellungen, womit die Ursachen der Widersprüche bzgl. der spezifischen Wärme klar wurden.[9]

Es galt keineswegs, wie auf Grund des Gleichverteilungssatzes angenommen,

$$E = \frac{m_e}{z} \overline{v^2} = \frac{3}{2} kT, \tag{4}$$

sondern die mittlere kinetische Energie war in 1. Näherung temperaturabhängig für alle praktisch erreichbaren Temperaturen. Diese Entartung folgt aus der Tatsache, daß die Leitungselektronen dem PAULI-Prinzip unterliegen, d. h., jeder mögliche Elektronenzustand im Metall mit höchstens einem Elektron besetzt ist. Für $T = 0$ ergibt sich als Maximalwert

$$E_F{}^0 = \frac{\hbar^2}{2m_e} \left(\frac{3n_e}{8\pi}\right)^{2/3} \tag{5}$$

und bei Mittelung[10]

$$\bar{E}(T = 0) = \bar{E}(0) = \frac{3}{5} E_F{}^0. \tag{6}$$

Für endliche Temperaturen erhält man für $kT \ll E_F{}^0$ durch Näherung

$$E_F \approx E_F{}^0 \left[1 - \frac{\pi^2}{12} \left(\frac{kT}{E_F{}^0}\right)^2\right], \tag{7}$$

und für $kT \gg E_F{}^0$ geht die FERMI-Verteilung in die klassische MAXWELL-BOLTZMANN-Verteilung über.

Die Verbindung der Elektronentheorie der Metalle mit der Quantenmechanik war ein langer Prozeß, der am Ende der 20er Jahre zunächst also durch SOMMERFELD und dann vor allem durch BLOCH (später auch GRÜNEISEN) zu einem relativen Abschluß gebracht wurde. Mit der Aufstellung der BLOCHschen Elektronentheorie war die zweite große Etappe der Herausbildung des Modells des freien Elektrons beendet. Die vereinfachten Vorstellungen des

Modells freier Elektronen (das sich als Grenzfall bei der Annahme eines konstanten Potentials ergibt) konnten durch die Berücksichtigung der Gitterperiodizität überwunden werden. Die Forschungen der letzten Jahrzehnte haben zwar die Grenzen der BLOCHschen Theorie deutlich gemacht, diese leitete jedoch die moderne Entwicklung ein und ist für einfache Probleme nach wie vor anwendbar.[11]

Man kann in diesem Zusammenhang sagen, daß die Entwicklung dieser Modellvorstellungen immer mit unterschiedlichen Stufen der Modellbildung verbunden war. Die Herausbildung des Modells war nicht abgeschlossen, als bereits mit ihm gearbeitet werden konnte und mittels des klassischen Modells des freien Elektrons bereits erste wichtige Erfolge errungen werden konnten.

Im veränderten Ausgangsmodell wird das „Elektronengas" im „Kasten" als Gas freier nicht miteinander wechselwirkender Elektronen, die dem PAULIprinzip gehorchen und der FERMI-DIRAC-Statistik unterliegen, angesehen. Mittels dieses Modells konnte unter anderem die spezifische Wärme des Elektronengases erklärt werden. Das Ausgangsmodell mußte im Laufe der Überprüfung der theoretischen Vorstellungen verändert werden. Dabei kam der experimentellen Forschung eine bedeutende Rolle zu. Sie gab Hinweise auf die Unzulänglichkeiten des klassischen Modells.

In das klassische Ausgangsmodell gingen theoretische Erkenntnisse eines neuen Gebietes der Physik ein. Das Ausgangsmodell wurde so abgeändert, daß es besser, umfassender bestimmte Eigenschaften und Beziehungen der zu untersuchenden Objekte widerspiegelte. In der neueren Zeit wurde die Hypothese auf einer höheren nichtklassischen Ebene begründet: Die Anwendung der LANDAU-Theorie der niederenergetischen Anregungen eines Systems gestattet die Begründung eines Modells fast wechselwirkungsfreier Elektronen. Daher ist es auch heute zur Berechnung makroskopischer Eigenschaften der Metalle berechtigt, vom Einelektronenbild auszugehen.[12]

Die Entwicklung der Modelle vom klassischen Modell zum Modell, in dem die quantenmechanischen Erscheinungen berücksichtigt wurden, stellt einen möglichen Übergang zur nichtklassischen Physik dar.

Die Auffassung des Physikers W. FINKELNBURG bestätigt sich an diesem konkreten Fall. Er schreibt: „In steter sich ergänzender Zusammenarbeit von Experiment und Theorie wird so schrittweise das Modell verbessert und eine immer bessere Annäherung an die Wirklichkeit erzielt. Jede neue oder verbesserte Theorie regt dabei zu neuen Experimenten an ...; jedes die Theorie nicht voll bestätigende exakte Experiment umgekehrt fordert auf zu neuer Abänderung oder Verbesserung der Theorie"[13]. Man könnte hinzufügen: Es erforderte zugleich eine stete Verbesserung der experimentellen Methodik selbst.

In mehrfacher Weise stellen Modelle Bindeglieder zwischen Experiment und Theorie dar. In diesem Beispiel wurden Modelle betrachtet, die Vorstufe der Theorie waren, die von BLOCH entwickelt wurde (BLOCHsche Elektronentheorie) und deren Inhalt mittels neuer Erkenntnisse verbessert bzw. ergänzt werden konnte (durch die Theorien der Supraleitfähigkeit und -flüssigkeit u. a.).

Eine Reihe wichtiger Fragen tritt hier auf wie die, ob das klassische Modell bereits adäquat einige Seiten des Leitfähigkeitsmechanismus in Metallen widerzuspiegeln vermochte. Die Bestätigung einiger Folgerungen aus dem Modell in Experimenten läßt uns diese Frage bejahen. Andererseits zeigten aber andere Experimente, daß dieses Modell in vielen Zügen noch sehr „grob" war und verbessert werden mußte. Neben verbesserten Modellen konnten im Laufe des Erkenntnisfortschritts Modelle aufgestellt werden, die die im Festkörper existierenden wesentlichen Wechselwirkungen besser berücksichtigen konnten als das Modell des fast freien Elektrons. Der Weg der Erkenntnis ging also von der Betrachtung der voneinander relativ unabhängigen Teilsysteme des Festkörpers zur differenzierten Einbeziehung von Wechselwirkungen. Dies scheint ein wesentlicher Weg in der Entwicklung der Physik zu sein: Von der Untersuchung freier, voneinander unabhängiger bzw. relativ unabhängiger idealisierter Objekte gelangt man zur Einbeziehung von bestimmten wesentlichen Wechselwirkungen in die Modellbildung, wobei manchmal Ideen für Veränderungen des Modells bzw. der Theorie noch nicht mathematisch faßbar sind und daher nach wie vor Näherungen, Vereinfachungen, die physikalisch sinnvoll sind, notwendig bleiben.

In der Festkörperphysik gibt es auch Beispiele, bei denen ein Modell unter verschiedenen Bedingungen betrachtet werden kann (Elektronengas in Metallen bei unterschiedlichen Temperaturen; Bändermodell eines Halbmetalls für unterschiedlichen Druck usw.) und unter diesen Bedingungen widersprüchliche Seiten der Erscheinungen widerzuspiegeln vermag, ohne daß diese unbedingt explizit im Modell formuliert sind.

Gerade in bezug auf die Untersuchung der physikalischen Eigenschaften von Vielteilchensystemen und deren praktische Nutzung kann sich herausstellen, daß unterschiedliche Modelle zu ihrer Beschreibung notwendig sind und die Bildung eines resultierenden Modells, das alle Seiten zusammenfassen könnte, nicht abzusehen ist. Hier begegnet uns eine konkrete Form des Sachverhaltes, der im Komplementaritätsprinzip seine Widerspiegelung findet. Dieses Prinzip kann man auch berechtigt auf ideelle Modelle beziehen, solche Modelle zueinander komplementäre Modelle nennen.

Die hier betrachteten Modellbildungen stellen keine lineare Fortsetzung eines einmal eingeschlagenen Weges der Erkenntnis der Festkörpererscheinungen dar. Die unterschiedlichen Modelle bestehen auch in der heutigen Forschung nebeneinander. Sie werden mit ihren konkreten theoretischen Schlußfolgerungen entsprechend vorliegender Bedingungen im Festkörper und unter Umständen praktischer (experimenteller, technischer) Erfordernisse angewendet, was nicht ausschließt, daß auch Modelle im Laufe der Zeit aufgegeben werden. Von besonderen Interesse ist, daß mit der Entwicklung unterschiedlichster, oft nicht miteinander zu vereinbarender Modelle, die aber im Forschungsprozeß im gewissen Sinne nebeneinander benutzt werden, im Verlauf des Erkenntnisfortschritts immer tiefer in die Erkenntnis wesentlicher Zusammenhänge relativ komplizierter Vielteilchensysteme eingedrungen wird. Objektiv-reale Prozesse und Objekte werden immer umfassender und tiefer in wissenschaftlichen Modellen und Theorien widergespiegelt. Relativ einfache und „grobe" Modelle können sich als äußerst fruchtbar erweisen, wenn sie gewisse wesentliche Eigenschaften bzw. Beziehungen des zu untersuchenden Objektes richtig widerspiegeln bzw. reproduzieren.

4. Modelle im Theorienbildungsprozeß

Es ist sich wohl jeder Physiker bewußt, daß zwischen ersten Experimenten und einer Theorie über die zu untersuchenden Erscheinungen bzw. zwischen theoretischen Ansätzen und ihrer Überprüfung im Experiment ein langer Weg liegen kann. Fortschritte in der Theorienbildung und -überprüfung verlangen große materielle und geistige Anstrengungen. Das zeigen insbesondere neuere Entwicklungen in der Physik zur Schaffung von Theorien, die verschiedene Wechselwirkungstypen vereinheitlichen sollen. Wie bekannt, wurde, für die Entwicklung der Eichfeldtheorie der schwachen und elektromagnetischen Wechselwirkungen der Nobelpreis 1979 für Physik an S. L. Glashow, S. Weinberg und A. Salam verliehen.

Untersucht man Theorienbildungsprozesse, so kann man unterschiedliche Wege zur Theorie aufzeigen. Einerseits sind sie offensichtlich durch den Entwicklungsstand der Physik, insbesondere auch den Grad der Mathematisierung ihrer einzelnen Teilgebiete bestimmt. Auch der Untersuchungsgegenstand, seine Beziehungen zu anderen Erscheinungen der objektiven Realität, die bereits mehr oder weniger untersucht sind, seine Komplexität, die

Vorgehensweise der zur Theorienbildung beitragenden Physiker haben Einfluß auf die einzuschlagenden Wege sowie die entstandenen Strukturen einzelner Theorien. Theorienbildung setzt auf ihren verschiedenen Wegen nicht immer unmittelbar Experimente voraus, obgleich in diesen Prozeß stets zahlreiche theoretische und praktische Erkenntnisse und Erfahrungen einfließen. Letzten Endes muß sich jede physikalische Theorie früher oder später praktisch bewähren, stellt sich heraus, ob sie Momente objektiver Naturdialektik relativ adäquat widerspiegelt.

Theorien sind, bezogen auf den historischen Prozeß wissenschaftlicher Erkenntnis relatives Endergebnis von Forschungsprozessen. Endergebnis sind sie, weil sie eine (relativ) abgeschlossene und (relativ) vollständige adäquate Widerspiegelung der Gesetzmäßigkeiten der untersuchten Erscheinungen in einem System des Wissens geben (obgleich sie natürlich auch andere Züge aufweisen). Sie sind *relatives* Endergebnis, weil sie kein absolutes Wissen über alle Eigenschaften und Beziehungen der zu untersuchenden Erscheinungen geben, sondern 1. nur bestimmte allgemein-notwendige und wesentliche Zusammenhänge (Gesetze) widerspiegeln und nicht alle Zusammenhänge der untersuchten Erscheinungen; dies 2. mit den relativ begrenzten Methoden, Begriffen, Modellen des Erkenntnisstandes der Zeit, in der sie aufgestellt werden, tun und 3. den Erkenntnisfortschritt ihrer Zeit wesentlich vorantreiben können, jedoch durch allgemeinere Theorien bzw. Theorien, die die Erscheinungen adäquater widerspiegeln, abgelöst werden können. Sie stellen demnach relativ wahres Wissen dar, behalten im Bereich, in dem sie erfolgreich angewendet wurden, ihre Gültigkeit.

Theorien sind nicht „starr", wenn sie einmal aufgestellt sind. Im Laufe der Forschung ergeben sich neue Anwendungsbereiche, neue Bezüge zu anderen Theorien, neue experimentelle Daten oder Beobachtungsergebnisse, die die Theorie stützen oder die Grenzen ihrer Anwendbarkeit aufzeigen können. Mit der Entstehung neuer Theorien werden die Ausgangshypothesen, die Ausgangsprinzipien, die Ausgangsmodelle, die Begriffe der alten Theorie neu durchdacht, die alte Theorie, ihre Hypothesen, Modelle usw. im Rahmen vorhandener Theorien neu eingeordnet und bewertet. Abgesehen von den weiter zu konkretisierenden Strukturen der Theorien (z. B. bei STJOPIN[1] oder I. V. KUZNECOV[2]), wobei ideelle Modelle beispielsweise als integraler Bestandteil einer Theorie auftreten können, soll unter einer Theorie — wie bereits vorn erwähnt — allgemein in erster Linie die Erklärung objektiv-realer Objekte und Prozesse durch die Zusammenfassung der erkannten wesentlichen Beziehungen und Gesetze zu einem Gesetzessystem mit den entsprechenden Existenzbedingungen[3] verstanden werden. Eine solche Auffassung schließt — wie jeder Standpunkt, der Theorien als bestimmte Systeme des Wissens faßt — aus, daß man allein durch analytisches Vorgehen zu einer wissenschaftlichen Theorie gelangen kann. Die in der wissenschaftlichen Theorie erfaßten erkannten Gesetze, ihre Beziehungen und Bedingungen zeugen, bei praktischer Bestätigung der Theorie, von der relativ adäquaten Widerspiegelung von Momenten objektiver Dialektik durch die Theorie. Im Zusammenhang mit den Theorienbildungsprozessen sei auf Wege der Mathematisierung der Physik hingewiesen, besonders auf die Beziehungen zwischen Modellbildung und Mathematisierung.

4.1. Experiment und Modell

Experimente und Beobachtungen können die Bildung von Abstraktionen und den Aufbau ganz bestimmter Abstraktionen, bspw. von ideellen Modellen, anregen. In diesem Sinne wird auf einem solchen Weg „die volle Vorstellung zur abstrakten Bestimmung verflüchtigt“[4]. Im Grunde beginnt dies bereits bei der Wahrnehmung bzw. bewußt im Experiment oder bei der Beobachtung: Die Erscheinung ist nicht bzgl. der gesamten quantitativen und qualitativen Mannigfaltigkeit ihrer Beziehungen und

Veränderungen von Bedeutung, sondern wird unter ganz bestimmten *eingeschränkten* Bedingungen untersucht, hinsichtlich *einzelner* Beziehungen und Veränderungen beobachtet. Durch die zunehmend stärkere theoretische Durchdringung von Experiment und Beobachtung sind empirische und theoretische Ebene der Erkenntnis immer enger verflochten. Empirisches und Theoretisches betrifft stets den *wissenschaftlichen* Erkenntnisprozeß, während die Beziehung zwischen Sinnlichem und Rationalem den gesamten (auch außerwissenschaftlichen) Prozeß der Erkenntnis und dabei jede beliebige Form der Erkenntnis der Wirklichkeit umfaßt. Das Empirische bezieht sich nicht allein auf bestimmte Aspekte der sinnlichen Stufe der Erkenntnis, obgleich auch diese im Laufe der Entwicklung der menschlichen Erkenntnisfähigkeit nicht unverändert und unbeeinflußt von der rationalen Stufe der Erkenntnis bleibt. Nach RUBINSTEIN ist die sinnliche Erkenntnis die ursprüngliche Form der Erkenntnis. „Die Empfindung ist ebenfalls Analyse und Synthese, sinnliche Differenzierung und Generalisierung äußerer Einwirkungen. Die Wahrnehmung ist deshalb in Wirklichkeit sinnliche Erkenntnis, Widerspiegelung der Dinge und ihrer Eigenschaften in ihren mannigfaltigen und komplizierten Wechselbeziehungen, weil die Wahrnehmung selbst als eine Form der Sinnlichkeit die Analyse und Synthese, die Differenzierung und Generalisierung der Erscheinungen der Wirklichkeit in sich einschließt. (Natürlich ist der Charakter der Analyse und Synthese auf den verschiedenen Stufen der Erkenntnis unterschiedlich.)“[5] Die Wahrnehmung der Menschen „lebt mit dem Leben und verändert sich mit dem Leben“[6], ist also nur relativ beständig und durch den Stand der Entwicklung des rationalen Denkens mitbestimmt und umgekehrt.

Eng miteinander sind auch die empirische und die theoretische Stufe im wissenschaftlichen Erkenntnisprozeß verknüpft. Selbst die ersten experimentellen Untersuchungen eines Objektes (oder die Beobachtung seines Verhaltens), die zur Schaffung eines evtl. noch groben

Ausgangsmodells führen können, setzen ein theoretisches Durchdenken der experimentellen Situation voraus, fordern die Wahl einer bestimmten theoretischen Basis. Man sagt auch, im Experiment werden bestimmte Fragen an die Natur gestellt, diese müssen zunächst aber erst einmal formuliert werden. Wie sie formuliert werden, hängt aber vom Untersuchungsobjekt, vom theoretischen Stand der Physik, dem Entwicklungsstand ihrer experimentellen Methoden, im einzelnen aber auch (jedoch erst in zweiter Linie) von subjektiven Komponenten ab. Auch wenn gesagt wird, daß die Theorie bestimme, was gemessen wird, meinen Naturwissenschaftler in der Regel dasselbe Problem. „Das Experiment ist also für den Menschen ein objektiver Analysator physikalischer Prozesse, in dem Anordnung, Messung und Deutung subjektiv beeinflußt werden, während Ablauf und Ergebnis objektiv sind, unabhängig vom Bewußtsein der Menschen. Die Synthese der aus den Experimenten gewonnenen Analysen erfolgt in der Theorie, deren Folgerungen wiederum experimentell überprüft werden"[7]. Oder mit MARX: „... im zweiten führen die abstrakten Bestimmungen zur Reproduktion des Konkreten im Weg des Denkens."[8]

Natürlich geht es im Experiment um einen Schritt zur Erkenntnis wesentlicher Eigenschaften und Beziehungen des Untersuchungsobjektes. Bewußt isoliert man dabei das Untersuchungsobjekt, soweit es möglich ist, von unwesentlichen Bedingungen, materielle Objekte oder Prozesse werden unter bestimmten (evtl. veränderbaren) Bedingungen untersucht bzw. bestimmte Abhängigkeiten gemessen. Dabei bestehen stets mehr oder weniger entwickelte theoretische Voraussetzungen. Die experimentelle Methode stellt daher eine Einheit von empirischen und theoretischen Aspekten dar.

Man kann kurz folgende Stufen der experimentellen Methode unterscheiden: 1. Aufarbeitung des bisherigen Standes experimenteller und theoretischer Forschungen auf dem entsprechenden Gebiet, Problemstellung; 2. direkte gedankliche Vorbereitung des Experiments; 3. Aufbau und Durchführung des Experiments und 4. Auswertung der Daten.[9]

Es wäre sehr einseitig, die Rolle des Experiments auf die Bestätigung irgendwelcher Hypothesen zu beschränken. Es gibt unterschiedliche Zielstellungen in den Beziehungen des Experiments zur Theorie. HÄRTLER unterscheidet folgende Fälle (in der Hauptsache): 1. die Gültigkeit einer Hypothese ist zu prüfen; 2. aus einer Menge konkurrierender Hypothesen ist die den Versuchsergebnissen am besten entsprechende auszuwählen; 3. ein Modell ist zu präzisieren; 4. ein Modell ist aufzustellen.[10]

Erweitert man den Rahmen der Betrachtung, so lassen sich diese Aussagen noch ergänzen. So geht es sicher auch um die weitere Präzisierung einmal aufgestellter Hypothesen, was erst danach weitere Schritte im Theorienbildungsprozeß ermöglichen könnte. Die Auswahl eines Modells (oder mehrerer) aus einer gewissen Anzahl von vorab aufgestellten oder ausgewählten Arbeitsmodellen mit Hilfe von experimentellen Ergebnissen wurde bereits erwähnt. Dabei kann es sich um konkurrierende Modelle handeln, wobei diese für gewöhnlich eng mit der Aufstellung und Auswahl von Hypothesen verknüpft sind (Hypothesen im Modell oder über dieses formuliert usw.). Diese Funktionen des Experiments sind eng mit den Stufen der Modellbildung verbunden. Experimente *können* zur Aufstellung oder Auswahl eines Ausgangsmodells (oder mehrerer) beitragen. Schlußfolgerungen aus dem Modell werden im Experiment überprüft bzw. das Verhalten des Originals unter anderen Bedingungen untersucht und Folgerungen für das aufgestellte Modell abgeleitet. Mit materiellen Modellen wird in Modellexperimenten direkt operiert und ihr Verhalten erforscht. Durch Experimente können neue Anwendungsmöglichkeiten für das Modell (bzw. für die durch ein Modell interpretierte Theorie) aufgedeckt werden, was zur Vergrößerung (in manchen Fällen auch zur Einengung) des Gültigkeitsbereiches des Modells (der Theorie) führen kann. Durch die Notwendigkeit der Veränderung an einem Modell oder seine Ablehnung auf

Grund experimenteller Ergebnisse kann die Aufgabe entstehen, den Theorienbildungsprozeß neu zu überdenken, andere oder neue Wege zur Theorie zu beschreiten, wie das beispielsweise die Entwicklung der Quantentheorie zeigte.

Das heißt, daß das Experiment, allgemeiner die experimentelle Methode, für alle Stufen der Modellbildung eine große Bedeutung besitzen kann.

Ob Eigenschaften und Beziehungen von physikalischen Objekten und Prozessen durch ideelle Abbilder (Modelle, Theorien usw. der Physik) adäquat widergespiegelt werden und in welchem Umfang das geschieht, kann sich erst im Experiment bzw. in anderen Formen der gesellschaftlichen Praxis erweisen. In Experimenten an materiellen Modellen und in Experimenten, die auf Grund von bestimmten Bedingungen abhängiger Folgerungen aus einem ideellen Modell durchgeführt werden, zeigt sich, ob die ideellen Abbilder, die diesen Experimenten vorausgingen, bestimmte allgemein-notwendige und wesentliche Beziehungen bzw. Eigenschaften des Untersuchungsobjektes relativ richtig widerspiegeln. Die experimentelle Überprüfung ist dabei selbst vom Stand der im Experiment verwendeten Technik, dem Entwicklungsstand der Erkenntnisse und Methoden der Wissenschaft, den Fähigkeiten der Experimentatoren u. a. abhängig.

Das spielte im 19. Jahrhundert bei der Überwindung der damals vorherrschenden Naturerklärung eine wesentliche Rolle. Im Rahmen der existierenden Theorien konnten für zahlreiche mechanische Modelle deren Grenzen noch nicht festgestellt werden. Man bediente sich modellmäßiger Vorstellungen, deren Berechtigung experimentell kaum untersucht wurde oder die ständig verändert wurden, um evtl. doch eine experimentelle Bestätigung im Rahmen der vorherrschenden Naturerklärung zu erhalten. Erinnert sei hierbei nur an die mechanischen Äthervorstellungen, das „Schmerzenskind der Mechanik“ (M. Planck).

Physikentwicklung schließt die Entwicklung experimenteller Methoden mit ein, erfordert sie. Gerade bei der Überwindung der im 18./19. Jahrhundert vorherrschenden mechanischen Naturerklärung zeigte sich dies deutlich. Physikalische Experimente waren letztlich auch für diese Naturerklärung, ebenso wie für die sich daraus ergebenden physikalischen Prinzipien, Modelle, Theorien u. a., Kriterium der Wahrheit.

Die Adäquatheit der Widerspiegelung von Eigenschaften und Beziehungen des Untersuchungsobjektes mittels der verschiedenen theoretischen Vorstellungen – Theorien, Hypothesen, Modellen oder Gedankenexperimenten – erweist sich unter Umständen erst nach einem längeren historischen Zeitraum, wenn die experimentellen Methoden, einschließlich der notwendigen Apparaturen für Beobachtungen, eine gewisse Weiterentwicklung (besonders auch unter dem Einfluß von theoretischen Vorstellungen) erfahren haben. Gerade das ist heute bei vielen Modellen in der Kosmologie oder Kosmogonie der Fall.

Mit der experimentellen Bestätigung der MAXWELLschen Theorie durch die Experimente von H. HERTZ, der 1888 die elektromagnetischen Wellen entdeckte, wurde zumindestens für diese Theorie gezeigt, daß die Gesetze der Mechanik und ihre Modelle hier nicht mehr anwendbar waren. Abgesehen von der Speziellen Relativitätstheorie offenbarten insbesondere die mechanischen Atommodelle am Anfang des 20. Jahrhunderts dort ihre Unzulänglichkeit, wo sie den experimentellen Befunden nicht entsprachen. Die experimentellen Ergebnisse (z. B. die Ergebnisse der Spektroskopie bzw. 1913 der FRANK-HERTZ-Versuch oder die Entdeckung des STARK-Effekts) unterstützen das Überdenken und die Überwindung alter Vorstellungen.

Experimente bzw. Beobachtungen regen auch heute zur Aufstellung oder Verbesserung von Modellen an, wie das beispielsweise beim Ausbau des Quark-Modells in der Elementarteilchenphysik geschieht. Gerade letzteres Beispiel zeigt aber auch, daß Veränderungen am Modell selbst wieder neue Experimente anregen.

In der Physik arbeitet man aber nicht nur mit fundamentalen Theorien über bestimmte physikalische Objekte und Prozesse. Die Existenz von Geräte- und Meßtheorien hat insbesondere für die experimentelle Physik große Bedeutung. Im messenden Experiment ist eine genaue Kenntnis der Meßapparatur, der Form der durch sie ausgeführten quantitativen und qualitativen Transformationen der Wirkungen des Untersuchungsobjektes auf bestimmte Einwirkungen und eine Fehlerrechnung oder -abschätzung nötig. (Auch für Beobachtungen benötigt man die Kenntnis der verwendeten Geräte.) In diesem Zusammenhang sind für den Versuchsaufbau bzw. die Versuchsauswertung auch Bilder, Schemata, Blockschaltbilder und die darauf aufbauenden bzw. durch derartige ideelle Modelle interpretierten Geräte- und Meßtheorien für die experimentelle Forschung und darüber hinaus von Bedeutung. Dies verweist auf einen anderen Aspekt der Wechselbeziehung von Empirie und Theorie in der Vorbereitung, Durchführung und Auswertung des Experimentes. Nicht nur die theoretischen Vorstellungen, die hinsichtlich des im Experiment zu untersuchenden physikalischen Objektes bzw. Prozesses bereits vorliegen, gehen in die Vorbereitung usw. des Experiments mit ein, sondern auch diese anderen theoretischen Vorstellungen bezüglich der Geräte und Meßapparaturen. Modelle von experimentellen Anlagen oder Situationen (Modellierung der Wechselwirkungen der Geräte mit dem Objekt und des Objektverhaltens) sind ebenfalls ein Hilfsmittel zur Erkenntnis des zu untersuchenden Objekts oder Prozesses. Unter anderem dienen sie der gedanklichen Simulation von noch durchzuführenden realen Experimenten in Gedankenexperimenten. Derartige Modelle erfassen häufig lediglich einzelne, wesentliche Eigenschaften und Beziehungen der Meßapparatur, oder sie bilden wesentliche Seiten der konkreten Wechselwirkung zwischen Meßapparatur und Untersuchungsobjekt ab. Sie charakterisieren in der Regel die Möglichkeiten zur Schaffung (Verwirklichung) spezieller Versuchsbedingungen — wesentliche Bedingungen werden hervorgehoben. Der Grad der Entwicklung der experimentellen Methoden in der Physik, aber auch die Fähigkeiten der am Forschungsprozeß Beteiligten, spiegeln sich in ihnen wider. Die in den Experimenten gewonnenen Ergebnisse werden in Modellen systematisiert oder mit Folgerungen aus Modellen verglichen, die Vorstufe einer Theorie über das zu untersuchende Objekt bzw. den zu untersuchenden Prozeß sind oder ein Interpretationsmodell einer solchen Theorie darstellen bzw. mit Modellen verglichen, die ein „Zwischenglied" zwischen dem Experiment oder der Beobachtung und den theoretischen Vorstellungen darstellen. Zum Beispiel ist das der Fall, wenn kein theoretisch begründetes Modell ausgearbeitet vorliegt und aus bestimmten Forschungsergebnissen versucht wird, zunächst ein mathematisches Modell aufzustellen, das möglichst einfach formuliert wird und das evtl. die mathematische Struktur des gesuchten theoretisch begründeten Modells darstellt. Über die entsprechende Interpretation der eingeführten Parameter wird versucht, diese experimentell zu bestimmen.[11]

Die hier dargestellten Beziehungen sind ein spezieller Aspekt einer sich im wissenschaftlichen Experiment realisierenden komplizierten Beziehung zwischen erkennendem Subjekt und dem Objekt der Erkenntnis (hier physikalische Objekte oder Prozesse). Dabei zeigen sich bestimmte Seiten der komplizierten Struktur von Theorienbildungsprozessen, soweit sie die experimentelle Grundlegung der Theorie und die theoretische Vorbereitung und Auswertung der Experimente (und Beobachtungen) betreffen.

Die genannten ideellen Modelle stellen Abbilder der vom Menschen bewußt auf Grund objektiver Gesetzmäßigkeiten geschaffenen und ausgewählten Meßapparaturen bzw. experimenteller Situationen dar. Auf der Basis der vorausgehenden theoretischen Erkenntnisse, einschließlich der Kenntnis der Geräte, ist dann eine Auswahl aus den Ergebnissen, die Bewertung der Ergebnisse des Experiments möglich. Gleichzeitig wird damit aber eine Bewertung des Modells bzw. der Theorie des untersuchten

Objektes bzw. Prozesse und damit auch der benutzten Hypothesen vorgenommen. Diese Bewertung stellt keine starre, ein für allemal gegebene Wertung der experimentellen Ergebnisse oder Modelle, Hypothesen, Theorien dar, sondern ist selbst relativ, enthält subjektive Momente. Sie gibt evtl. ebenfalls Hinweise für Experimente unter anderen Bedingungen, die die Richtigkeit des Vorgehens weiter bestätigen können, oder sie verweist auf die Notwendigkeit der Veränderung oder Aufgabe von Modellen (Hypothesen) usw. usf. Unter Umständen erweist sich dabei, daß von mehreren verwendeten Arbeitsmodellen oder -hypothesen eine große Zahl eliminierbar ist. Letzteres hängt — abgesehen von der theoretischen Ausgangsposition — sicherlich von der Art und dem Umfang, d. h. der Bedeutung des durchgeführten Experimentes ab. Dagegen existieren offenbar sogenannte entscheidende Experimente (experimentum crucis) nicht, die bei entwickelten theoretischen Konzeptionen, die miteinander konkurrieren, die Voraussagen der einen bestätigen und die der anderen damit völlig verwerfen.[12] Zum Beispiel sei an die unterschiedlichen Theorienansätze für die mikroskopische Begründung des 2. Hauptsatzes der Thermodynamik erinnert. Seine statistische Deutung durch Boltzmann konnte sich erst nach langen Jahren am Anfang des 20. Jahrhunderts durchsetzen. Erst zu dieser Zeit konnte sie, wenngleich vermittelt, auch experimentell gestützt werden.

Experimentelle Ergebnisse können daher bei den verwendeten Arbeitsmodellen klären, welche von ihnen gerade für die vorzunehmenden Untersuchungen offensichtlich nicht anwendbar sind. Bei der Erforschung anderer Aspekte des Untersuchungsobjektes können sie evtl. herangezogen werden oder andere Modelle werden notwendig.

In der nichtklassischen Physik sind in der Regel für die zu untersuchende Erscheinung wesentliche Wechselwirkungen mit der Meßapparatur bei der Theorienbildung nicht vernachlässigbar. Dieser Umstand führte gerade bei den philosophischen Diskussionen um die Deutung der Quantenmechanik auch zu einem Fehlverständnis der Subjekt-Objekt-Dialektik, was bei der Auseinandersetzung mit solchen Positionen ein tieferes Eindringen in die Dialektik des Erkenntnisprozesses erforderte.[13] Die Probleme des Meßprozesses sind aber heute bezüglich der Quantenmechanik noch nicht ausgestanden.[14]

H. Hörz weist darauf hin, daß beispielsweise in die Theorienbildung über das Verhalten stark wechselwirkender Teilchen auch die Theorien über die dabei benutzten Geräte eingehen.[15] Mit der Einbeziehung der Betrachtung konkreter Wechselwirkungen von Objekt und Meßapparatur in Modelle des Theorienbildungsprozesses (nicht unbedingt in die fertige Theorie, wie die heutige Quantenmechanik zeigt), wird der Theorienbildungsprozeß bzw. die Theorie nicht „subjektiviert", sondern bildet objektiv-reale Wechselwirkungen ab. Dem Wesen der Sache nach geht es darum, daß in der Meßanordnung unter spezifischen Bedingungen objektive Möglichkeiten verwirklicht werden, was seine Widerspiegelung in verschiedenen wissenschaftlichen Abstraktionen findet.

Die genannten Modelle werden insbesondere auch dann verwendet, wenn es um die Veranschaulichung bestimmter Prozesse geht, bzw. experimentelle Folgerungen aus allgemeineren theoretischen Vorstellungen abgeleitet werden sollen. Eine wichtige Aufgabe hat hierbei das Gedankenexperiment.

4.2. Wozu dienen Gedankenexperimente?[16]

Beim Operieren in Gedanken scheint alles möglich, auch die Durchbrechung bestimmter allgemeiner, erkannter Naturgesetze oder die Behauptung, sie wären nicht allgemein genug, um nicht noch Ausnahmen zuzulassen. Als Kriterium und Kennzeichen einer wissenschaftlichen Methode ist dies jedoch keine feste Basis;

der Spielraum wäre groß genug für wildeste Spekulation. A. EINSTEIN wandte sich gegen eine solche Willkür, wenn er meinte: „In Gedanken mit Unmöglichkeiten zu operieren ist gestattet, d. h. mit Dingen, die unserer praktischen, Erfahrung widersprechen, nicht aber mit vollendetem Nonsens".[17] Nun besteht aber gerade eine Schwierigkeit darin, zu bestimmen, was „Nonsens" ist. Manche „Unmöglichkeit" besteht heute noch dadurch, daß historisch bedingt gegenwärtig keine Möglichkeiten ihrer Verwirklichung existieren. Das betrifft bestimmte technische Lösungen, aber auch die Überprüfung einiger wissenschaftlicher Hypothesen (z. B. in der Kosmogonie u. a.). Andere „Unmöglichkeiten" existieren vielleicht, weil wir noch nicht in ausreichendem Maße das Wesen bestimmter Erscheinungen theoretisch erfaßt haben.

Das theoretische Denken muß sich bei gedanklichen Operationen mit „Unmöglichkeiten" ebenfalls auf erkannte allgemeine Gesetze und erkannte andere Zusammenhangsformen sowie bestimmte Schlußregeln stützen, wobei bestimmte Widersprüche mit vorhandenen theoretischen Systemen oder der experimentellen Erfahrung möglich und für die Lösung des gestellten Problems oftmals nötig sind. Damit wird die Phantasie des Forschers in die richtige Richtung gelenkt und wirklich schöpferisches Denken, nämlich Denken, das auf die Beherrschung der uns umgebenden Welt gerichtet ist, möglich.

4.2.1. Funktion der Gedankenexperimente

Eine Methode des theoretischen Denkens in den Wissenschaften stellt die Arbeit mit Gedankenexperimenten dar. Am ausgeprägtesten scheint sich diese Methode in der Entwicklung der Physik zu zeigen.

Das Gedankenexperiment wird auch manchmal Idealversuch[18], „idealisiertes" oder „vorgestelltes" Experiment[19] genannt. Von anderen gedanklichen Operationen hebt es sich dadurch ab, daß stets mit einem ideellen Objekt, mit einem ideellen Modell eines realen Objektes bzw. Prozesses gearbeitet wird, gleich welchem Ziel das Gedankenexperiment dient. In diesem Sinne ist es eng mit den Stufen der Modellbildung verbunden. *Das Gedankenexperiment stellt eine Form der Arbeit mit ideellen Modellen* dar. Es erscheint dabei zu weit, unter Gedankenexperiment auch bestimmte mathematische Operationen am Modell zu subsumieren. Diese stellen *eine andere Form der Arbeit mit ideellen Modellen* dar. Jedoch kann die gedankliche Aufdeckung bestimmter Abhängigkeiten und Beziehungen im Gedankenexperiment zur Formalisierung oder Mathematisierung des ideellen Modells anregen bzw. bei Benutzung eines bereits mathematisierten Modells zur Aufdeckung neuer Abhängigkeiten und Beziehungen führen und den Mathematisierungsprozeß vorantreiben.

Benutzt man den Begriff des Gedankenexperiments in einem sehr weiten Sinne, so kann das Gedankenexperiment unmittelbar auch der Vorbereitung realer Experimente bzw. von Computerexperimenten dienen. Oftmals wird der Begriff des Gedankenexperiments von theoretischen Physikern in einem etwas eingeschränkteren Sinne als Mittel relativ eigenständiger theoretischer Forschung, zur Ableitung der Konsequenzen aus bestimmten theoretischen Voraussetzungen für den weiteren Ausbau des theoretischen Modells bzw. der Theorie, ihrer notwendigen Modifikation bzw. der Aufgabe bestimmter Ausgangshypothesen usw. gebraucht. So verstehen A. EINSTEIN und L. INFELD unter einem Idealversuch, wie sie Gedankenexperimente nennen, einen Versuch, der niemals tatsächlich ausgeführt werden kann, da es in der Praxis unmöglich sei, alle äußeren Einflüsse auszuschalten. Er ermögliche jedoch, in das Wesen tatsächlich möglicher Experimente tiefer einzudringen.[20] Obgleich Gedankenexperimente in der theoretischen Forschung in erster Linie nicht darauf ausgerichtet sind, reale Experimente vorzubereiten, können sie, wie gerade die Geschichte der Quantenmechanik bis in die heutigen Tage zeigt, zahlreiche reale Experimente anregen, in denen die theoretischen Annahmen des Gedankenexperimentes überprüft und die relative Adäquatheit der Ausgangshypothesen und Modelle, die im Gedankenexperiment verwendet wurden, untersucht werden.

Im weitesten Sinne soll hier unter einem Gedankenexperiment die ideelle Modellierung wirklicher (realer) bzw. möglicher (evtl. nicht verwirklichbarer) Experimente verstanden werden, wobei Gegenstand der Untersuchung das ideelle Modell wirklicher oder möglicher Objekte bzw. Prozesse (ihrer Beziehungen, Funktionen) unter idealisierten Bedingungen mittels idealisierter „Geräte" ist.

Solche „idealisierten" Geräte können z. B. Vorrichtungen zur Registratur von Ergebnissen, aber auch zur Schaffung von speziellen Versuchsbedingungen sein, die andere Bedingungen nicht ausschließen, wie z. B. das Wirken der Schwerkraft, des Erdmagnetfeldes oder ähnliches. Idealisierte Bedingungen gründen sich auf die Erkenntnis der objektiven Bedingungen, die für die untersuchten Erscheinungen wesentlich sind, d. h. ihren Charakter bestimmen. In bestimmten Bereichen wie die Mikrophysik können, wie oben bereits erwähnt, die realen Wechselwirkungen zwischen Meßgeräten und Untersuchungsgegenstand nicht vernachlässigt werden. Im Gedankenexperiment kann bei „idealisierten" Geräten von bestimmten Besonderheiten realer Meßapparaturen abgesehen werden, die Einbeziehungen dieser wesentlichen Wechselwirkungen steht mit im Vordergrund der gedanklichen Untersuchung.[21]

Nicht nur die theoretische Vorbereitung von realen Experimenten kann in Gedankenexperimenten im weiteren Sinne erfolgen. Es folgt dem realen Experiment, wenn gedanklich untersucht wird, wie sich das auf der Grundlage des realen Experiments einschließlich vorliegender theoretischer Voraussetzungen aufgebaute ideelle Modell bei Variation der idealisierten Bedingungen verhalten könnte, woraus Folgerungen für die weitere Ausarbeitung des Modells bzw. weitere reale Experimente abgeleitet werden.

Analysiert man wissenschaftliche Erkenntnisprozesse, so kann man ideelles Modell und Gedankenexperiment in erster Linie durch ihre unterschiedliche Funktion im Erkenntnisprozeß voneinander abheben. Für beide Methoden spielt die Abstraktion durch Idealisierung eine große Rolle. SLAVIN betont dies für das Gedankenexperiment. Er hebt hervor, daß das benutzte idealisierte Objekt eine ganze Klasse von materiellen Objekten mit bevorzugten Eigenschaften repräsentieren könne, was die Anwendung gleicher Operationen bei der Lösung von Aufgaben ermögliche. Auch wenn man über das Forschungsobjekt nur begrenzte Informationen besitze, könne man beim Operieren mit dem idealisierten Objekt Voraussagen machen. Die Wahrscheinlichkeit für Folgerungen für das konkrete Objekt kann sehr hoch sein und unwesentliche Eigenschaften können beim Aufbau der Theorie ausgeschlossen werden.[22]

Das Gedankenexperiment stellt ebenso wie das Modell, die Hypothese und die Analogiebildung Form und Mittel wissenschaftlicher Erkenntnis dar. Es ist eine spezielle Form der geistigen Tätigkeit des erkennenden Subjektes, in dem abstrakte Modelle, die ein gewisses Maß an „sinnlicher Anschaulichkeit" besitzen, benutzt, und überschaubare Beziehungen zwischen diesen abgebildet werden, die gezielt variiert werden können. In ihm kommen ebenso wie bei der Hypothesen- bzw. Modellbildung, dem Aufbau wissenschaftlicher Theorien usw. gerade der schöpferische und aktive Aspekt des menschlichen Denkens zum Ausdruck. Im hohen Maße wird die Phantasie des Forschers gefordert.

Im Gedankenexperiment geht es nicht um die Herstellung einer ideellen Kopie wirklicher Experimente oder Erscheinungen. Es ist auf das tiefere Eindringen in das Wesen der Erscheinungen gerichtet. Wenn L. BOLTZMANN einmal, wie bereits erwähnt, formulierte, daß die Natur des Denkprozesses darin bestehe, „daß wir zur Erfahrung etwas hinzufügen und ein geistiges Bild schaffen, welches nicht die Erfahrung ist und darum viele Erfahrungen darstellen kann“[23], so betrifft dies in großem Maße das Gedankenexperiment. Dieses ist ebenso wie Modelle und andere Formen der wissenschaftlichen Erkenntnis nicht allein Widerspiegelung realer Prozesse, sondern besitzt in großem Maß (und in der theoretischen Forschung insbesondere) Züge eines Entwurfs (einer Konstruktion).

4.2.2. Zur Geschichte der Gedankenexperimente

Die Arbeit mit Gedankenexperimenten findet ebenso wie die Modellmethode ihren Ursprung in den Anfängen wissenschaftlichen Denkens. Das Gedankenexperiment ist geeignet, schwierige Vorgänge überschaubarer zu machen, erfordert aber, um es zu begreifen, großes Wissen und viel Phantasie.

In der Geschichte der Physik läßt sich manchmal auf Grund einer bis ins Einzelne gehenden Beschreibung nicht immer unterscheiden, ob tatsächlich reale Experimente durchgeführt wurden oder ob es sich um eine Form von Gedankenexperimenten handelte.

Die Anwendung von Gedankenexperimenten war schon in den Anfängen der Wissenschaften nicht auf die physikalische Forschung beschränkt, auch wenn sich aus der Geschichte der Physik die vielleicht bekanntesten Anwendungen dieser Methode nennen lassen. Bezogen auf seine Schrift „Über die Methode“ wird beispielsweise das Vorgehen von ARISTOTELES so gedeutet, daß er zur Untersuchung von Flächen und Rauminhalten Gedankenexperimente angestellt habe. „In Gedanken zerlegte er z. B. den Inhalt von ebenen Figuren in eine Summe von endlich vielen dünnen Schichten, gewann auf diese Weise Einblick in die zwischen ihnen bestehenden Beziehungen und stellte diese schließlich mathematisch dar“.[24]

In der Entwicklung der Physik vor GALILEI lassen sich eine ganze Reihe von Gedankenexperimenten nachweisen. Vielfach waren sie jedoch noch mit spekulativen Überlegungen verknüpft oder stellten kühne Entwürfe dar und ihre Folgerungen wurden nicht immer in realen Experimenten überprüft. Zum Teil liegt das am Entwicklungsstand der experimentellen Methode in der physikalischen Forschung selbst. Bei GALILEI findet man einen neuen Zug. In einem Gedankenexperiment veranschaulichte sich GALILEI beispielsweise, daß alle Körper gleich schnell fallen müßten. Dazu war es notwendig, den Luftwiderstand bei der Betrachtung des Falls der Körper zu vernachlässigen, was zur Aufdeckung gesetzmäßiger Zusammenhänge durch GALILEI führte. Er benutzte auch zur Formulierung seines Trägheitsprinzips in den „Discorsi" Überlegungen im Gedankenexperiment. Auch reale Experimente bereitete er gedanklich vor.

Ebenfalls wurden in der weiteren Entwicklung der Physik, z. B. im Laufe der Entstehung der Thermodynamik und der kinetischen Gastheorie vielfach Gedankenexperimente benutzt. So stellt nach M. v. LAUE der in der Thermodynamik zur Definition der thermodynamischen Temperaturskala benutzte Kreisprozeß einen Gedankenversuch dar, der „in kaum einem Fall mit der nötigen Genauigkeit durchführbar" sei.[25]

Bei der Aufdeckung des statistischen Charakters des zweiten Hauptsatzes der Thermodynamik spielte ein Gedankenexperiment von J. C. MAXWELL eine entscheidende Rolle (MAXWELLscher Dämon). L. BOLTZMANN gelang es, diesen statistischen Charakter des zweiten Hauptsatzes aufzudecken, indem er den Zusammenhang von Entropie und Wahrscheinlichkeit fand und mathematisch formulierte.

Zur Entstehung der Elektrodynamik trugen gleichfalls Gedankenexperimente, u. a. die von M. FARADAY bei.

E. MACH hob in „Erkenntnis und Irrtum" bestimmte Aspekte des Gedankenexperimentes hervor. Aus der

Erfahrung physikalischer Forschung — bzgl. der Anwendung von Gedankenexperimenten lagen u. a. aus der Thermodynamik und der Elektrodynamik genügend Beispiele vor — betonte er, daß das Gedankenexperiment dem „physischen Experiment" vielfach vorausgehe, dieses vorbereite und eine notwendige Vorbedingung für dieses sei. Allgemein hob MACH hervor: „Jeder Experimentator, jeder Erfinder muß die auszuführende Anordnung im Kopfe haben, bevor er dieselbe in die Tat umsetzt."[26] Seine empiristische Haltung ließ ihn jedoch nicht zur Einsicht über die relativ eigenständige Rolle von Gedankenexperimenten für die theoretische Forschung gelangen. M. PLANCK, der betonte, daß das Gedankenexperiment eine unentbehrliche Abstraktion für Experimentatoren und Theoretiker sei, jedoch nicht zu wilden Spekulationen führen dürfe, schrieb unter anderem: „Mit dem Gedankenexperiment erhebt sich der Geist des Forschers über die Welt der wirklichen Meßwerkzeuge hinaus, sie verhelfen ihm zur Bildung von Hypothesen und zur Formulierung von Fragen, deren Prüfung durch wirkliche Experimente ihm den Einblick in neue gesetzliche Zusammenhänge eröffnet, auch in solche Zusammenhänge, welche einer direkten Messung unzugänglich sind. Ein Gedankenexperiment ist an keine Genauigkeitsgrenzen gebunden ... Die einzige Bedingung, von der die erfolgreiche Durchführung eines Gedankenexperimentes abhängt, ist die Voraussetzung der Gültigkeit widerspruchsfreier gesetzlicher Beziehungen zwischen den betrachteten Vorgängen. Denn was man als nicht vorhanden voraussetzt, darf man auch nicht zu finden hoffen."[27]

EINSTEIN benutzte Gedankenexperimente beispielsweise besonders dann, wenn es darum ging, ein neues Gebiet zu erarbeiten (z. B. die Spezielle Relativitätstheorie) und mathematische Beziehungen noch nicht in ausreichendem Maße gegeben waren bzw. dann, wenn es um die Erhellung und Diskussion schwieriger Zusammenhänge eines neu erarbeiteten Gebietes (z. B.

die Quantenmechanik) ging. N. BOHR und andere Physiker haben über die Diskussionen mit A. EINSTEIN im Zusammenhang mit der Entwicklung der Quantenmechanik sehr ausführlich berichtet.[28]

In einem Gedankenexperiment verdeutlichte EINSTEIN z. B. die Schwierigkeiten, die vor den Physikern standen, das Gesetz von der konstanten Lichtgeschwindigkeit c (im Vakuum) zu erfassen: Er schrieb, daß wir den Vorgang der Lichtausbreitung wie jeden anderen auf einen starren Bezugskörper (Koordinatensystem) beziehen müssen. Als solcher wird ein in vorhergehenden Gedankenexperimenten benutzter „Bahndamm" gewählt. Die Luft über demselben denke man sich weggepumpt. Längs des Bahndammes werde ein Lichtstrahl gesandt, dessen Scheitel sich nach dem vorigen mit der Geschwindigkeit c relativ zum Bahndamme fortpflanzt. Auf dem Geleise fahre ein Eisenbahnwagen mit der Geschwindigkeit v und zwar in derselben Richtung in der sich der Lichtstrahl fortpflanzt, aber natürlich viel langsamer. Gefragt ist die Fortpflanzungsgeschwindigkeit des Lichtstrahles relativ zum Wagen. Es ist leicht ersichtlich, daß hier die Betrachtung des Additionstheorems der Geschwindigkeiten gemäß der klassischen Mechanik Anwendung finden kann; w sei die gesuchte Geschwindigkeit des Lichtes gegen den Wagen, für welche also gilt:

$$w = c - v.$$

Die Fortpflanzungsgeschwindigkeit des Lichtstrahles relativ zum Wagen ergibt sich also als kleiner als c.

Dieses Ergebnis verstößt nach EINSTEIN aber gegen das Relativitätsprinzip (im engeren Sinne)[29]: Ist K' ein in bezug auf K gleichförmig und drehungsfrei bewegtes Koordinatensystem, dann verläuft das Naturgeschehen in bezug auf K' nach genau denselben allgemeinen Gesetzen wie in bezug auf K.[30] In Hinblick darauf schien es unerläßlich, entweder das Relativitätsprinzip (im engeren Sinne) oder das einfache Gesetz der Fortpflanzung des Lichtes im Vakuum aufzugeben, was in Wahrheit nicht möglich war, weil das Gesetz der Konstanz der Lichtgeschwindigkeit mit den theoretischen Ergebnissen und praktischen Erfahrungen korrelierte. Mit dem „... systematischen Festhalten an diesen beiden Gesetzen“ gelangte man „zu einer logisch einwandfreien Theorie“, zur Speziellen Relativitätstheorie.[31]

Ein Gedankenexperiment kann also, wie EINSTEIN selbst es in voller Absicht demonstrierte, wenn die Voraussetzungen nicht stimmen, zu fehlerhaften Folgerungen führen. In diesem Fall waren die Folgerungen aber derart, daß die auftauchenden Widersprüche in einer neuen physikalischen Theorie gelöst werden konnten.

Zu den Voraussetzungen eines Gedankenexperimentes gehört dabei u. a. die Annahme der Gültigkeit allgemeiner Gesetze und Prinzipien wie beispielsweise die Konstanz der Lichtgeschwindigkeit c. Diese allgemeinen Prinzipien liegen demnach dem Gedankenexperiment zugrunde und können in ihm nicht durchbrochen werden. Andererseits wird das Gedankenexperiment damit in einen größeren theoretischen Rahmen eingeordnet.

Es zeigte sich in der Geschichte der Physik wiederholt, daß das Aufzeigen von Inkonsistenzen in einem formulierten Gedankenexperiment für die weitere theoretische Arbeit, für die schärfere Formulierung der Probleme, für das bessere Verstehen vieler Fragen von großer heuristischer Bedeutung sein kann, denn oftmals muß zunächst gezeigt werden, wie eine Frage *nicht* beantwortet werden kann, ehe neue Wege beschreitbar sind. Das Gedankenexperiment kann dabei helfen, ohne etwa das reale Experiment als Kriterium der Adäquatheit der Widerspiegelung von Eigenschaften und Beziehungen objektiver Erscheinungen ersetzen zu können. Bereits bei der Durchführung des Gedankenexperiments kann sich zeigen, daß das benutzte ideelle Modell oder andere Voraussetzungen aufzugeben sind, bzw. mögliche nachfolgende reale Experimente decken auf, daß das Gedankenexperiment in wesentlichen Zügen nicht zutreffend war.

Zusammenfassend könnte man sagen, daß 1. das Gedankenexperiment keine vollständige Widerspiegelung aller Seiten einer wirklichen oder möglichen realen experimentellen Situation ist, daß 2. das Gedankenexperiment reale Experimente nicht als Kriterium der Wahrheit ersetzen kann, sondern daß es 3. selbst danach untersucht werden muß, ob in ihm objektive Erscheinungen relativ adäquat widergespiegelt werden.

Betrachtet man Stufen der Durchführung von Gedankenexperimenten, so kann man sie in engem Zusammenhang mit der Bildung bzw. Arbeit mit ideellen Modellen unterscheiden:

1. Aufbau eines ideellen Modells bzw. Wahl eines geeigneten ideellen Modells, das den Untersuchungsgegenstand im Gedankenexperiment ersetzen soll, Formulierung der Zielstellung;

2. Zusammenstellung der allgemeinen Voraussetzungen der idealisierten Bedingungen einschließlich idealisierter „Geräte“, die auf das Ersatzobjekt „einwirken“ und für die Erscheinung wesentlich sind;

3. Bewußte Veränderung der idealisierten Bedingungen und relativ freie Verknüpfung der Bedingungen und ihrer Einwirkungen auf das Modell;

4. Registrierung des Ergebnisses, Bewertung des Ergebnisses anhand vorhandenen Wissens und evtl. Schlußfolgerungen für weitere Forschungen (einschließlich zu verwirklichender realer Experimente). Die Verknüpfung der Bedingungen erfolgt nur relativ „frei“, aber nicht frei von der Berücksichtigung erkannter objektiver Gesetze und anderer Zusammenhangsformen. Die Phantasie des Forschers wird damit nicht eingeschränkt, sondern in die richtigen Bahnen gelenkt. Das Gedankenexperiment erfordert sie gerade im wissenschaftlichen Erkenntnisprozeß.

Auf dieser Grundlage können Konsequenzen von Hypothesen im Gedankenexperiment (das selbst im gewissen Sinne hypothetisch ist) theoretisch geprüft werden. Die theoretische Prüfung der Konsequenzen einer Hypothese bzw. eines ideellen Modells im Gedankenexperiment zielt auf die weitere theoretische Erforschung einer Erscheinung, auf Fortschritte in der Theorienbildung oder weist auf die Vorbereitung realer Experimente, was beispielsweise auch über die Zwischenstufe von Computerexperimenten erfolgen kann.

4.3. Was sind Hypothesen? Unterscheiden sich Hypothesen von ideellen Modellen und von Theorien?

Unter Hypothesen sollen hier allgemein in Form von Aussagen bzw. Aussagensystemen vorliegende wissenschaftlich begründete Annahmen über noch nicht untersuchte bzw. theoretisch erfaßte Sachverhalte verstanden werden.

In der Geschichte der Physik wurden zahlreiche Hypothesen aufgestellt. Früher oder später wurden manche durch weitere Forschungen bestätigt und führten z. T. zur Entwicklung einer neuen physikalischen Theorie wie beispielsweise die Quantenhypothese PLANCKS, die Annahme des Welle-Teilchen-Dualismus bei Photonen durch EINSTEIN, die Erweiterung dieser Annahme durch DE BROGLIE. Daneben gab es Hypothesen, die teilweise wegen ihrer nachhaltigen Wirkung noch heute bekannt sind, jedoch Irrwege bei der Untersuchung objektiver physikalischer Eigenschaften und Beziehungen der Erscheinungen, bei der theoretischen Widerspiegelung objektiver Naturdialektik, darstellten. Man denke beispielsweise an die Ätherhypothese, die in der Physik sehr lange, wenn auch in modifizierter Art und Weise die Ausrichtung der Forschung einschließlich der Interpretation experimenteller Ergebnisse bestimmte. Erst die Spezielle Relativitätstheorie EINSTEINS zeigte die

Unhaltbarkeit der Annahme eines materiellen Äthers, mit welchen Eigenschaften er auch im Laufe der Forschung belegt wurde.

4.3.1. Hypothese und Hypothesenarten

Eine etwas andere Form von Hypothesen als die bisher genannten findet man auf vielen Gebieten der Physik bzw. anderer Wissenschaften. Erinnert sei an das MENDELEJEVsche Periodensystem der Elemente, als nach der Einordnung der Elemente nach bestimmten wesentlichen Eigenschaften auf die Existenz noch weiterer (bislang unbekannter) Elemente geschlossen wurde. Auch bei der Untersuchung der natürlichen Radioaktivität wurde aus experimentellen Ergebnissen von HAHN beispielsweise geschlossen, daß zwischen Thorium und dem damals sogenannten Radiothorium noch eine Substanz liegen müsse, die er „Mesothorium" nannte und tatsächlich wenig später fand. Nachdem F. SODDY 1911 (bzw. in endgültiger Form 1913) seine Theorie über die Isotopie der Elemente aufstellte, konnten das Radiothorium als ein Thoriumisotop der Masse 218 und das Mesothorium als ein Radiumisotop der Masse 228 identifiziert werden.

Der Entdeckung der Kernspaltung ging sogar eine eigentlich „falsche" Hypothese voraus, denn zunächst suchten O. HAHN und F. STRASSMANN nach Transuranen und interpretierten zuerst ihre experimentellen Ergebnisse auch dementsprechend.

In der Astronomie kam es nach astronomischen Beobachtungen der Bahn des Uranus im 18. Jahrhundert/Anfang des 19. Jahrhunderts, als man feststellte, daß die theoretisch nach den KEPLERschen Gesetzen ermittelten genäherten Bahnelemente im Widerspruch zu den tatsächlich beobachteten Örtern standen, zu der Hypothese, daß diese Abweichungen auf die Existenz eines noch unbekannten Planeten zurückzuführen sei, was dann Mitte des 19. Jahrhunderts zur Entdeckung des Neptun (durch GALLE u. a.) führte. Ähnliche Hypothesen wurden bei der Untersuchung von Fixsternen aufgestellt. BESSEL wandte das Gravitationsprinzip auf Fixsterne an und fand Eigentümlichkeiten in der Bewegung des Sirius und des Procyon. Tatsächlich wurden bis zum Ende des 19. Jahrhunderts sowohl der Siriusbegleiter als auch der Procyonbegleiter gefunden. Diese Aufzählung von Beispielen ließe sich noch weiter fortsetzen. Hypothesen über die Existenz, den Aufbau, die Entwicklung oder das Verhalten bestimmter Objekte, Prozesse, Eigenschaften u. ä. werden nicht ohne theoretischen Hintergrund, ohne theoretische Voraussetzungen, wie umfangreich sie auch sein mögen, aufgestellt. Offensichtlich gibt es in ihren Folgen wesentliche Unterschiede: Hypothesen wie die Quantenhypothese, die Quarkhypothese u. v. a. stellen den Ausgangspunkt von Forschungsprogrammen dar. Wegen ihrer Bedeutung könnte man sie gewissermaßen als eine Form von Leithypothesen auffassen. Leithypothesen der Forschung sind auch Ausgangspostulate der Physik soweit sie noch nicht durch die Praxis bestätigt wurden. Das MACHsche Prinzip spielt beispielsweise heute in der Kosmologie eine bedeutende Rolle und beinhaltet die Hypothese, daß die Trägheit der Körper in der Existenz der „fernen Massen" des Kosmos ihren Ursprung hat.[32] Andere Hypothesen sind dagegen unmittelbar auf weitere Experimente (bzw. Beobachtungen) gerichtet („relative" Leithypothesen).

Viele Hypothesen entstehen aus der Verallgemeinerung von Erfahrungen (Experiment, Beobachtung, Produktion), andere werden in erster Linie aus theoretischen Überlegungen abgeleitet. Natürlich haben all diese Hypothesen unterschiedliche Beziehungen zum Experiment (bzw. zur Beobachtung und anderen Formen der gesellschaftlichen Praxis). Dabei gibt es jedoch keine Hypothese ohne jegliche theoretische Voraussetzung und ohne jegliche menschliche Erfahrung. Sie sind stets eingebunden in bestimmte theoretische Systeme bzw. mit direkten praktischen Erfordernissen verbunden. Sie besitzen dabei einen unterschiedlichen *Erkenntniswert*[33], der aber historisch bedingt ist und historisch bestimmt werden muß.

Kopnin unterscheidet 3 Typen von Hypothesen bezüglich ihres Verhältnisses zum Experiment (man müßte noch hinzufügen: auch zu messenden Beobachtungen):

1. Hypothesen, die unmittelbar zur Erklärung eines Experimentes entstehen;
2. Hypothesen, bei deren Aufstellung der Versuch eine wesentliche, aber nicht ausschließliche Rolle spielt;
3. Hypothesen, die nur auf der Grundlage der Verallgemeinerung von schon existierenden Theorien entstehen[34], wobei man sich auf die vielfältigen Erfahrungen der Menschen stützt. Hypothesen können auch neue Experimente anregen.[35]

Ähnlich wie andere Formen und Mittel der Erkenntnis können Hypothesen nach unterschiedlichen Gesichtspunkten klassifiziert werden. Die allgemeinste Einteilung ist dabei offensichtlich die Einteilung nach Objekt- bzw. Prozeßhypothesen, mathematischen Hypothesen sowie philosophischen Hypothesen[36]. Diese Klassifikation bildet gewissermaßen einen allgemeinen Rahmen für weitere Klassifizierungen. Objekt- oder Prozeßhypothesen sind dabei Aussagen über Objekte und Prozesse, die durch materielle Experimente noch nicht voll bestätigt wurden und daher noch nicht in die Theorie eingegangen sind. In ihnen werden nur einige wesentliche Eigenschaften und Beziehungen der zu untersuchenden Erscheinungen erfaßt und sie haben von vornherein eine explizit formulierte explikative Funktion.[37] Man kann die Hypothesen bzgl. der zu untersuchenden Objekte danach unterscheiden, auf welche Grundform der Bewegung der Materie sie sich beziehen, obgleich dabei beispielsweise schon problematisch ist, ob man physikalische und chemische Bewegungsform trennt, oder als eine Bewegungsform ansieht. Weiter kann man die

Hypothesen danach unterscheiden, über welche Art von Zusammenhängen sie aufgestellt werden (kausal, funktional, statistisch, nichtstatistisch)[38]. Hypothesen haben im Erkenntnisprozeß der Wissenschaften unterschiedliche Funktionen und Stellungen (z. B. als Arbeitshypothese, Leithypothese, grundlegende Hypothese, abgeleitete oder Hilfshypothesen u. a.) und sind dabei immer mehr oder weniger mit anderen Formen und Mitteln der Erkenntnis bzw. mit anderen Hypothesen und hypothetischen Wissenssystemen verknüpft. Unterschiedliche Wege führen zur Hypothese und in der Hypothese werden unterschiedliche Methoden zur Erfassung des angenommenen Sachverhalts benutzt, so daß man Hypothesen auch danach unterteilen kann.[39] Untersucht man nun Hypothesen danach, wieviel bekanntes Wissen in sie eingeht und wie sie (und in welchem Umfang) mögliche Erklärungen der untersuchten Erscheinungen geben, so finden wir Hypothesen, die sich im Grad der Wahrscheinlichkeit unterscheiden (Hypothesenwahrscheinlichkeit).

„Verrückte Ideen", Gedanken, die noch nie oder noch nie in einem bestimmten Zusammenhang gedacht wurden, sind in der Physikgeschichte gar nicht so selten; verwiesen sei auf die Entwicklung der Quantenphysik. Oft haben solche hypothetischen Annahmen, die zunächst nur sehr wenig wahrscheinlich schienen, grundlegend die Lösung von Problemen beschleunigt oder stellten die grundlegende Lösung solcher Probleme dar. Dagegen sind Annahmen, die nur sehr wenig unbestätigtes Wissen enthalten, oft sehr wahrscheinlich und sie sind evtl. auch leichter zu bestätigen, ohne einen ähnlichen Erkenntnisfortschritt hervorzurufen. Andere Hypothesen können gegenwärtig nicht geprüft werden, sie müssen jedoch nicht unbedingt falsch sein. Man unterscheidet deshalb besser die aktuelle Prüfung von Hypothesen von der potentiellen, die vielleicht erst nach langer Zeit, wenn die wissenschaftlichen und technischen Möglichkeiten bestehen, durchgeführt werden kann. In einer solchen Situation sind heute z. B. einige Gebiete der Astrophysik.

Die Aufdeckung von Inkonsistenzen in Hypothesen und in ihren Folgerungen brachte in der Geschichte der Physik durchaus nicht nur negative Aspekte mit sich, sondern führte auf neue Wege. Durchaus nicht alle angezweifelten Hypothesen werden einfach aufgegeben, sondern erweitert, modifiziert, verändert, um den zu untersuchenden Objekten und Prozessen besser zu entsprechen. Nicht jedes experimentelle Ergebnis, das der Hypothese widerspricht, führt sofort zu ihrer Widerlegung.

1. Es muß dabei gefragt werden, ob die, dieser Hypothese entsprechenden, richtigen Folgerungen für die Durchführung von Experimenten getroffen wurden (dabei geht es u. a. um Experimente mit materiellen Modellen).

2. Evtl. kann das experimentelle Ergebnis nicht ausreichen (Genauigkeit der Messungen), um Aussagen über die Gültigkeit der Hypothese treffen zu können.

3. Ein oder einige wenige experimentelle Ergebnisse führen in der Regel nicht zur Falsifizierung einer Hypothese, sondern ein längerer Forschungsprozeß, weil evtl. die Hypothese heute (Stand der experimentellen Möglichkeit, der Möglichkeiten der Beobachtung u. a.) noch nicht überprüfbar ist.

4. Derartiges ist immer vom Charakter der Hypothese, ihrem Gültigkeitsbereich, ihrem Allgemeinheitsgrad abhängig.

5. Es kommt evtl. eher zur Modifizierung oder Einengung des Gültigkeitsbereiches der Hypothese als zu ihrer völligen Aufgabe, um so mehr, als auch bereits gesichertes Wissen der Hypothese zugrunde liegt.

Um eine Hypothese überhaupt in der weiteren Forschung anwenden zu können, muß sie bestimmte Bedingungen erfüllen, die indirekt bereits genannt wurden: Sie darf den vorhandenen gesicherten Theorien und dem vorliegenden empirischen Material nicht widersprechen (bzw. müssen entsprechende experimentelle Daten oder Beobachtungsergebnisse Zweifel am Gültigkeitsbereich einer Theorie unterstützen), sie muß (aktuell bzw. potentiell) überprüfbar sein. Logische Widerspruchsfreiheit (was nicht identisch damit ist, daß mittels Hypothesen dialektische Widersprüche erfaßbar sind) ist dabei aber kein hinreichendes Kriterium dafür, ob in der Hypothese bzw. den aus ihr abgeleiteten Folgerungen die zu untersuchenden Sachverhalte relativ adäquat erfaßt werden oder nicht. Jedoch können logische Widersprüche eine heuristische Funktion haben, wenn sie einen Antrieb für die Veränderung der Hypothese, die Suche nach neuen Hypothesen u. ä. bilden.[40] Das heißt, daß logische Widersprüche in der Hypothese nicht einfach eliminiert werden, sondern untersucht werden muß, was hinter ihrem Auftreten steckt, ob es sich um die Widerspiegelung objektiver Widersprüche, um Inkonsistenzen im theoretischen Apparat u. ä. handelt. Hypothesen müssen allgemeine — philosophisch relevante — Kriterien erfüllen wie: Wissenschaftlichkeit, dem Gegenstand und dem Wissensstand angemessene Allseitigkeit der Betrachtung und andere.

Konkurrieren Hypothesen miteinander, so wird die geeignetste Hypothese ausgewählt, wobei neben realen Experimenten und Beobachtungen auch Gedankenexperimente zur Auswahl beitragen können. Unter Umständen setzt sie sich (manchmal in einem langen Prozeß der Forschung) durch. Dabei werden von Physikern (z. B. A. Einstein) weiterhin noch Kriterien wie Einfachheit, Sparsamkeit in den Annahmen, Originalität angewendet,[41] die jedoch nur dann ihre Berechtigung haben, wenn die allgemeinen Bedingungen, die jede Hypothese erfüllen muß, vorausgesetzt sind. Diese Forderungen sind darauf gerichtet, daß mit solchen Hypothesen gearbeitet werden kann, sich beispielsweise aus ihnen Modelle ableiten lassen, die einer weiteren wissenschaftlichen Bearbeitung zugänglich sind, Folgerungen aus der Hypothese formalisierbar oder mathematisierbar sind u. ä. Unter methodologischem Gesichtspunkt könnte man an ihnen jegliche wissenschaftliche theoretische Vorstellungen messen. Dies darf jedoch nicht soweit führen, Wissenschaft insgesamt auf einfachste Schemata mit sparsamsten Annahmen zu reduzieren. Ein Ausschließlichkeitsanspruch für die Gültigkeit solcher Kriterien würde wissenschaftliches Arbeiten, wenn nicht verhindern, jedoch sehr erschweren.

Die Forderung der Originalität zielt weiter. Sie soll schöpferisches Denken anregen, neue Resultate und neue Wege der Forschung stimulieren. In diesem Sinne hebt sie die relative Enge der ersten beiden Kriterien auf und setzt sie in einen neuen Zusammenhang: Schöpferisch gefundene neue Ideen und Wege müssen im Rahmen wissenschaftlicher Forschung mit entsprechenden Methoden bearbeitbar bzw. gangbar sein.

Philosophische Hypothesen können die Bildung einzelwissenschaftlicher Hypothesen anregen bzw. befruchten. Eine *philosophische Hypothese* ist „eine sich wissenschaftlich aus den Ergebnissen der Einzelwissenschaft und ihrer philosophischen Analyse begründende Vermutung über die Gültigkeit von Zusammenhängen einer Einzelwissenschaft in einer anderen oder über den Beitrag der sich entwickelnden Theorie zur Präzisierung philosophischer Kategorien.“[42] Dabei unterscheidet man unterschiedliche Wege der Bildung philosophischer Hypothesen, die mit verschiedenen Erkenntnissituationen im Zusammenhang stehen.

1. Aus innerphilosophischen Gründen kann die Notwendigkeit entstehen, aus den Grundannahmen unserer Philosophie neue präzisierte philosophische Aussagen abzuleiten. Zunächst werden sie als philosophische Hypothese formuliert und gehen erst in den Bestand präzisierter philosophischer Aussagen ein, wenn sie sich bei der vollständigen sachkundigen Überprüfung anhand des entsprechenden vorliegenden z. B. naturwissenschaftlichen Materials als wahr erweisen. Oder neue naturwissenschaftliche Forschungen erbringen Ergeb-

nisse, die eine philosophische Verallgemeinerung erfordern (eine solche Situation tritt sicher häufiger ein). Die neuen Fakten werden, was Kenntnis der Philosophie *sowie* der anderen Wissenschaft erfordert, zunächst auf ihre Übereinstimmung mit den Grundprinzipien der marxistisch-leninistischen Philosophie geprüft und daraufhin auf ihre Übereinstimmung mit bereits vorliegenden präzisierten philosophischen Aussagen. Unter Umständen müssen philosophische Hypothesen über die philosophischen Konsequenzen der neuen Ergebnisse, über mögliche methodologische Verallgemeinerungen u. ä. formuliert werden. Erweist sich die Hpothese als wahr, so geht sie in den Bestand präzisierter philosophischer Aussagen und möglicherweise später in den der philosophischen Grundannahmen ein. Solche Hypothesen werden philosophische Hypothesen erster Art genannt.

2. Ist es nötig, über *naturwissenschaftliche* Hypothesen philosophische Hypothesen zu formulieren, so muß zunächst die Adäquatheit der naturwissenschaftlichen Hypothese nachgewiesen werden, ehe die philosophische Hypothese in den Bestand präzisierter philosophischer Aussagen eingeht. Solche Hypothesen werden philosophische Hypothesen 2. Art genannt. Ihre große Bedeutung liegt darin, daß sie die formulierten naturwissenschaftlichen Hypothesen in einen allgemeineren philosophischen Rahmen stellen, der gewisse Konsequenzen dieser Hypothesen (z. B. die philosophischen Konsequenzen) und ihre Wahrscheinlichkeit abschätzbar macht, ohne daß die konkrete naturwissenschaftliche Forschung damit ersetzt wird.[43]

4.3.2. *Die mathematische Hypothese*

Mathematische Hypothesen haben in der Physik mit zunehmendem Grad der Mathematisierung an Bedeutung gewonnen, insbesondere bei Weiterentwicklung der Theorien mittels der innertheoretischen Entwicklung des mathematischen Apparates. In diesem Sinne spielen mathematische Hypothesen eine relativ eigenständige Rolle, obgleich früher oder später die Notwendigkeit der physikalischen Interpretation dieser Theorien bzw. theoretischen Ansätze mittels ideeller Modelle auftritt, die z. T. selbst noch hypothetischen Charakters sind. Mathematische Hypothesen werden aufgestellt, wenn die Aufgabe besteht, Erscheinungen, deren Gesetzmäßigkeiten noch nicht theoretisch abgebildet, widergespiegelt wurden, zu untersuchen und wenn diese allgemein-notwendigen und wesentlichen Zusammenhänge mittels vorhandener theoretischer Abbilder nicht adäquat ausgedrückt werden können, sowie entsprechende neue physikalische Begriffe, Modelle u. ä. noch nicht vorliegen. Wenn Analogiebeziehungen zu bereits untersuchten Erscheinungen angenommen bzw. aufgezeigt werden können und deren Gesetzmäßigkeiten bereits theoretisch unter Verwendung mathematischer Mittel beschrieben wurden, wird auf die Möglichkeit geschlossen, ebenfalls bezüglich des mathematischen Apparates Analogieschlüsse anzuwenden. I. V. Kuznecov versteht unter einer mathematischen Hypothese die fortgesetzte Veränderung der Formen, des Aussehens, des Charakters der Gleichung, die das Gesetz eines untersuchten Bereiches von Erscheinungen ausdrückt mit dem Ziel, diese — natürlich entsprechend modifiziert — auf andere Erscheinungen auszudehnen.[44] Dabei unterscheidet er 4 Grundtypen, zwischen denen keine scharfen Grenzlinien existieren:

1. Das allgemeine Aussehen der Gleichungen wird verändert (beispielsweise Heisenberg — Bewegungsgleichungen der Spinormaterie).
2. Das allgemeine Aussehen der Gleichungen wird beibehalten, die eingehenden Größen sind anderer Natur, anderen Charakters (z. B. Weg zur Matrizenmechanik, Wellenmechanik, zur modernen Quantenelektrodynamik).

3. Sowohl das allgemeine Aussehen der Gleichungen als auch der Typ der eingehenden Größen wird verändert (wie beispielsweise bei einigen Varianten einer Elementarteilchentheorie).

4. Der Charakter der Grenz- oder Randbedingungen der Lösung der Gleichungen wird verändert (z. B. in der Allgemeinen Relativitätstheorie, in der Kosmologie).[45]

Welcher Weg unter Beachtung bestehender Gesetzmäßigkeiten gegangen wird, ist relativ frei, jedoch werden mathematische Hypothesen stets so gebildet, daß die entstehenden mathematischen Strukturen zur relativ adäquaten Abbildung der interessierenden Eigenschaften und Beziehungen untersuchter Erscheinungen führen. Jedoch stellt sich dies evtl. nach einem längeren Forschungsprozeß heraus und erfordert zunächst die physikalische Interpretation der entstehenden mathematischen Strukturen. Prozeß- oder Objekthypothesen können mathematischen Hypothesen vorangehen oder zur Interpretation der gewonnenen mathematischen Strukturen über ideelle Modelle beitragen und dann selbst in mathematisierter Form vorliegen. Beispielsweise waren die Einführung von Größen bzw. Gliedern, die Quanten- oder relativistische Effekte widerspiegeln, in klassische, quasiklassische oder quantenmechanische Gleichungen (z. B. SCHRÖDINGER-Gleichung, DIRAC-Theorie) mathematische Hypothesen, bei denen sich erst im nachhinein ihre Bestätigung und richtige Interpretation ergab. Die Methode der Anwendung mathematischer Hypothesen gab es jedoch bereits in der klassischen Physik, beispielsweise bei der Entwicklung der Elektrodynamik — darauf wurde bereits verwiesen — als KIRCHHOFF 1857 eine Telegraphengleichung aus elektrischen Grundgleichungen herleitete und sich dabei hypothetisch-ähnlicher mathematischer Strukturen bediente, wie die der zuvor zur Beschreibung mechanischer und thermodynamischer Erscheinungen herangezogenen.

Als allgemeinste Forderungen bei der Bildung solcher Hypothesen im Zusammenhang der Modell- bzw. Theorienbildung könnte man formulieren:

1. Beachtung der Bedingtheit und Bestimmtheit objektiver Erscheinungen bei der theoretischen Abbildung der Erscheinungen, ihrer Eigenschaften, Beziehungen;
2. Einhaltung spezifischer Transformationen und Erhaltungssätze;
3. Forderung der Einfachheit und des logischen Aufbaus der zu erhaltenden mathematischen Gleichungen.

4.3.3. Hypothese, Modell, Theorie

Mit der Anwendung mathematischer Hypothesen ist der einzelwissenschaftlichen Forschung ein Mittel gegeben, das direkt auf die Struktur entsprechender Theorien oder ideeller Modelle gerichtet ist, die z. B. die Funktion von Theorien übernehmen können. Hypothesen insgesamt existieren nicht unabhängig von anderen Mitteln und Formen wissenschaftlicher Erkenntnis, sondern sind stets in sich entwickelnde Systeme des Wissens eingebaut, haben Funktionen bei der Vorbereitung von Experimenten, Beobachtungen, bei der Theorienbildung und -interpretation. Nicht voll bestätigte Modelle, Gedankenexperimente, Theorienentwürfe haben selbst hypothetischen Charakter. Hypothesen können als Leithypothese der Forschung dienen. Sie führen beispielsweise zu hypothetisch angenommenen ideellen Modellen, können in die heuristische Stufe der Modellbildung eingehen oder werden aus existierenden ideellen oder materiellen Modellen abgeleitet. Die Arbeit mit dem ideellen Modell, ob im Gedankenexperiment oder mittels der Ableitung mathematischer Strukturen, trägt in vielem hypothetischen Charakter. Als Leithypothese der Forschung geht eine Hypothese direkt oder indirekt in die entstehenden oder ausgewählten Modelle usw. ein, bestimmt wesentlich auch die vorzunehmenden ideellen Operationen und wird mit Bestätigung der Folgerungen aus der Hypothese indirekt ebenfalls bestätigt und zur gesicherten *Grundlage* eines Modells bzw. einer Theorie.

Grundlage der Quarkmodelle ist die Hypothese von der Existenz der Quarks. Aber auf die bloße Existenz usw. eines Objektes oder Prozesses bzw. ihrer Eigenschaften und Beziehungen sind Hypothesen nicht gerichtet, sondern beinhalten auch wesentliche Bedingungen und Eigenschaften. Wo hört aber dann die Hypothese auf und wo beginnen hypothetische Modelle? Wenn man Hypothesen als starr und unveränderlich auffaßt und sie von anderen Formen und Mitteln wissenschaftlicher Erkenntnis trennt, dann muß man scharf Hypothesen und die Folgerungen aus ihnen trennen. Es geht offensichtlich, wenn man den Unterschied zwischen Hypothesen und ideellen Modellen bzw. noch nicht voll gesicherten Theorien feststellen will, in erster Linie um ihre unterschiedliche Funktion im Erkenntnisprozeß.

Hypothesen, in welcher Form auch formuliert, sind ein *Mittel der Erkenntnis als wissenschaftlich begründete Annahmen.* Sie können sehr umfangreich sein, das ändert nichts an ihrer Funktion. Hypothesen können durchaus in oder mittels eines Modelles ausgesprochen werden. Das ist jedoch nur möglich, weil zur Bildung von Hypothesen *stets* bestimmte Abstraktionsprozesse notwendig sind. Gehen sie in Modelle ein, werden sie in, mittels oder über diese Modelle formuliert, so geht das ohne Idealisierungen nicht. Die Begriffe, die in den wissenschaftlich begründeten Vermutungen, Hypothesen, benutzt wurden, entstanden *auch* auf dem Wege der Idealisierung[46], denken wir nur an Begriffe wie ideales Gas, Idealkristall, aber auch Elektron, Atom, Atomkern usw. usf.

Einmal aufgestellte Hypothesen bleiben im Verlauf

der Forschung für gewöhnlich nicht unverändert. Neue theoretische Erkenntnisse und praktische Ergebnisse führen zu ihrer Erweiterung, Abänderung, zum Ausbau. der Hypothese, zur Ableitung neuer Folgerungen usw. BASHENOV sieht daher als höchste Ebene der Bedeutung des Begriffes Hypothese Hypothesen im engeren Sinne an, die in der Erkenntnis systematisierende Funktionen erfüllen und es gestatten, eine Gesamtheit von Wissen mit dem System des Wissens zu vereinigen. Solche Hypothesen (oder eher hypothetischen Systeme — N. H.) werden im Falle der Bestätigung zur Theorie; sie unterscheiden sich von einer (gesicherten) Theorie im Grad ihrer Begründetheit und Entwickeltheit, aber nicht in der Struktur der in sie eingehenden Behauptungen.[47] KOPNIN meint, daß solange keine gesicherte Theorie geschaffen sei, eine Hypothese einige ihrer Funktionen erfüllen könne (dabei handelt es sich eher um entwickelte hypothetische Systeme, ideelle Modelle — N. H.). Ein Theorienansatz, dessen Grundprinzipien durch die Entwicklung in der Wissenschaft widerlegt wurden, war faktisch in der Rolle einer Hypothese. Selbst widerlegte Hypothesen können in der Wissenschaft fortleben. Es existiert nach KOPNIN ein absoluter Unterschied zwischen Hypothese und gesicherter Theorie: Wissen, dessen Wahrheitsgehalt bewiesen wurde, unterscheidet sich prinzipiell von wahrscheinlichem Wissen.[48] In diesem Sinne existiert ebenfalls ein wesentlicher Unterschied zwischen ideellen Modellen, von denen in der Forschung nachgewiesen wurde, daß sie Momente objektiver Dialektik relativ adäquat widerspiegeln, und Hypothesen, die aber sehr wohl Ausgangspunkt von Modellbildungen sein können, in Modelle einfließen bzw. über Modelle formuliert werden und beispielsweise so auch in die Durchführung von Gedankenexperimenten eingehen.

Das wesentliche erkenntnistheoretische Problem liegt darin, ab wann man eigentlich Wissen als gesichert ansehen kann. Das ist sicher ein langer Prozeß der Überprüfung der Wahrheit unserer theoretischen Erkenntnisse in der Praxis — in Experimenten, Beobachtungen, in der Produktion usw. Einen genauen Zeitpunkt wird man kaum angeben können und weitere Erkenntnisse zeigen oftmals sehr rasch, daß dem früheren Wissen relative, historisch begrenzte, Wahrheit zukam, denn wir nähern „uns der objektiven Wahrheit immer mehr und mehr ... (ohne sie jemals zu erschöpfen)".[49]

Negiert man jedoch die Rolle der Praxis als Kriterium der Wahrheit, so bleiben unsere Theorien nur Hypothesen. Aber auch ein oder mehrere aufgewiesene Tatsachen, die der Theorie zu widersprechen scheinen, zwingen nicht zur Aufgabe der Theorie, sondern eher zur Überprüfung ihres Gültigkeitsbereiches, evtl. zu Veränderungen im Rahmen der Theorie. Der Experimentator prüft zunächst, ob sich die praktischen Ergebnisse im Rahmen der Meßgenauigkeit reproduzieren lassen. Der wirkliche Weg der Überprüfung theoretischer Erkenntnisse ist weitaus komplizierter als daß eine Theorie einfach falsifiziert werden könnte. MARX weist in der zweiten These über FEUERBACH darauf hin, daß die Frage, ob dem menschlichen Denken gegenständliche Wahrheit zukomme, keine Frage der Theorie, sondern eine *praktische* Frage sei. „In der Praxis muß der Mensch die Wahrheit, i. e. Wirklichkeit und Macht, Diesseitigkeit seines Denkens beweisen. Der Streit über die Wirklichkeit oder Nichtwirklichkeit des Denkens — das von der Praxis isoliert ist — ist eine rein *scholastische* Frage."[50]

4.4. Theorienbildung und Theorieninterpretation

4.4.1. Aspekte des Theoriebegriffs

Im weitesten (umgangssprachlichen) Sinne wird manchmal als Theorie all das bezeichnet, was der theoretischen Ebene der Erkenntnis zuzurechnen ist. Ideelle Modelle, Hypothesen, Gedankenexperimente u. v. a. mehr würden unter einen solchen allgemeinen Begriff fallen. Einen ähnlich weiten Theoriebegriff (bezogen auf die Wissenschaft) benutzt beispielsweise W. BRAUNBEK. Er bezieht ihn auf „jede formulierte Feststellung ..., die eine Voraussage über das Ergebnis eines Experiments, oder auch mehrerer oder sehr vieler Experimente gestattet."[51] Theorien sind für ihn ebenfalls Sätze, Gesetze, Theoreme und Hypothesen[52]. Streng genommen schließt von unserem Standpunkt aus (vergleiche die Stufen der Modellbildung!) sein Theoriebegriff ebenfalls ideelle Modelle ein. Seine Auffassung erlaubt keine Unterscheidung zwischen verschiedenen Entwicklungsstufen des wissenschaftlichen theoretischen Denkens und vor allem unterscheidet er keine unterschiedlichen Funktionen.

Hier soll es um wissenschaftliche Theorien, um theoretische Systeme des Wissens, die bestimmten Kriterien genügen, gehen. Dabei sind die Bildung, Interpretation und Überprüfung von Theorien von Interesse, wobei vorrangig ihr Zusammenhang mit anderen Formen und Mitteln der Erkenntnis, speziell dem Modell, betrachtet wird. Sicherlich gibt es auch andere Aspekte der philosophischen Untersuchung des Theoriebegriffs. Darunter zählt beispielsweise das Verständnis von Theorien als Aussagensysteme, wobei zwei verschiedene Niveaus (Empirisches und Theoretisches) sowie ihr Zusammenhang in diesem Aussagensystem betrachtet werden können,[53] wogegen hier der Widerspiegelungsinhalt der Theorie und der Zusammenhang der Theorie mit anderen Formen und Mitteln der Erkenntnis im Vordergrund der Betrachtung stehen.

Die Theorie, einmal aufgestellt, ist nicht völlig unveränderlich, denn im Laufe der Forschung werden neue Anwendungsbereiche aufgedeckt, ergeben sich neue experimentelle Ergebnisse oder Resultate aus Beobachtungen, die die Theorie stützen oder die Grenzen ihrer Anwendbarkeit aufzeigen, neue Beziehungen zwischen Theorien entstehen usw. Letzteres hat nicht nur einzelwissenschaftliche Bedeutung. A. EINSTEIN und L. INFELD meinten, daß physikalische Theorien Versuche zur Ausbildung eines Weltbildes und zur Herstellung eines Zusammenhanges zwischen diesem und dem weitem Reich der sinnlichen Wahrnehmungen darstellen[54]. In diesem Sinne hat das Überdenken der Stellung einer Theorie ebenfalls Auswirkungen auf die Ausbildung eines wissenschaftlichen Weltbildes insgesamt, wobei „physikalisches Weltbild" und „wissenschaftliches Weltbild" (welches *alle* historisch gewonnenen natur-, gesellschaftswissenschaftlichen Erkenntnisse und praktische Erfahrungen des Klassenkampfes umfaßt) keinesfalls gleichgesetzt werden sollen.

Die Beziehungen und Gesetze einer Theorie, einschließlich der Existenzbedingungen, stellen sprachlich fixierte und systematisch geordnete Aussagen bzw. Aussagensysteme über die Gesetzmäßigkeiten bestimmter Erscheinungen oder Bereiche in Natur, Gesellschaft bzw. Denken dar. Dabei findet man gerade bei Theorien wie denen der Physik, daß offensichtlich in der Theorie nicht nur eine „Sprache" existiert. Physik ist nicht auf Mathematik (in diesem Sinne als Sprache gefaßt) reduzierbar, auch die theoretische Physik nicht. Nicht die verwendeten mathematischen Beziehungen bestimmen den Inhalt der Theorie, sondern die untersuchten und in bestimmten wesentlichen Gesetzmäßigkeiten widerzuspiegelnden Erscheinungen. Darin liegt das Wesen physikalischer Theorien als (historisch relatives) geistig Konkretes. Gleichzeitig ist ein wesentliches Merkmal des physikalischen Wissens, daß mittels der Mathematik objektiv reale Objekte und Prozesse, ihre Eigenschaften und Beziehungen immer besser in den Theorien erfaßt, widerspiegelt, sowie die gewonnenen Erkenntnisse unter Umständen umfassend genutzt werden können, wobei einzelne Theorien vor allem dem *Erkenntnisgewinn* dienen (kosmogonische — mit Einschränkungen — und kosmologische Theorien z. B.), dabei jedoch weitere experimentelle Überprüfungen bzw. weitere Beobachtungen anregen.

Es soll kurz auf die Struktur physikalischer Theorien

eingegangen werden. K. FUCHS kennzeichnet physikalische Theorien durch ihren Bestand an physikalischen Begriffen, einem mathematischen Formalismus und Prinzipien, durch die die Korrespondenz zwischen mathematischen Größen und physikalischer Wirklichkeit hergestellt werde. Die Herausbildung physikalischer Begriffe und Prinzipien zur Gewährleistung der wahrheitsgetreuen Widerspiegelung durch die Theorie sei der schwierigste Teil der schöpferischen Arbeit der Physiker[55]. I. V. KUZNECOV, aber auch V. S. STJOPIN u. a.[56] weisen auf den komplizierten Aufbau jeder Theorie hin. KUZNECOV betont, daß das idealisierte Objekt der Theorie, das abstrakte (ideelle) Modell, sich von der Theorie unterscheide und die Rolle einer fundamentalen Idee, auf deren Grundlage das ganze Gebäude der Theorie ruhe, besitze[57]. Damit sei die Struktur der Theorie jedoch noch nicht voll erfaßt.[58]

Die Strukturen einzelner physikalischer Theorien unterscheiden sich. Das hängt von verschiedenen Faktoren ab, wie dem Untersuchungsgegenstand, der bereits in der Physik vor sich gegangenen Entwicklung (einschließlich vorher entstandener Theorien), den anwendbaren mathematischen Strukturen, der Vorgehensweise der Physiker, die die Theorie im wesentlichen bilden.

Theorien zählen zahlreiche Abstraktionen zu ihrem Bestand. Allein durch die Ausarbeitung der wesentlichen Beziehungen zwischen ihnen mittels mathematischer bzw. einzelwissenschaftlicher Folgerungen stellt die Theorie mehr dar, als die Summe ihrer Bestandteile, gibt sie tatsächlich eine (auf dem erreichten Erkenntnisniveau) vollständige Widerspiegelung der wesentlichen Bestimmungen der untersuchten objektiven Eigenschaften und Beziehungen realer Objekte bzw. Prozesse, stellt sie ein (historisch relatives) geistig reproduziertes Konkretes dar.

In der Geschichte der Physik wurden viele theoretische Ansätze bereits als Theorie bezeichnet wie beispielsweise diverse Atom„theorien“. Sie verdienen die Bezeichnung

„Theorie“ oft nur in einem sehr eingeschränkten Sinne; als Theorien über, den wirklichen Erscheinungen oft letztendlich wenig oder *inadäquate* ideelle Modelle der entsprechenden physikalischen Erscheinungen. Als diese wurden sie durch folgende experimentelle Untersuchungen, Beobachtungen usw. manchmal nicht bestätigt, im Gegenteil, empirische Untersuchungen insgesamt und die gewonnenen Fakten verwiesen in solchen Fällen auf die Notwendigkeit, die theoretischen Vorstellungen abzuändern oder aufzugeben. Es erwies sich dann, daß es sich um *hypothetische* theoretische Ansätze handelte, die durch die Forschung in bestimmten Zügen nicht bestätigt werden konnten. Ähnliches kann heute (bzw. auch in der Zukunft) mit einigen Entwürfen einer allgemeinen Feldtheorie vor sich gehen.

Im weiteren soll daher ein Theorienansatz von gesicherten, d. h. durch die menschliche Praxis z. T. in Jahrhunderten (Mechanik, kinetische Gastheorie) bestätigten Theorien unterschieden werden, wobei der Ausdruck „gesicherte Theorie“ auch nur relativ ist: Im nachhinein ergeben sich eben oftmals Grenzen der Anwendung einer Theorie; sie ist jedoch gesichert für den Bereich von Erscheinungen, zu dessen Beschreibung und praktischer Beherrschung sie erfolgreich angewendet wurde. Wenn man von einer „gesicherten“ Theorie spricht, so ist das also ein anderer Ausdruck dafür, daß eine solche Theorie (relativ) adäquat wesentliche Gesetzmäßigkeiten der zu untersuchenden Erscheinungen widerspiegelt, was sich in einem langen Prozeß der praktischen Überprüfung der Folgerungen aus dieser Theorie zeigt.

Durch die Mathematisierung der Physik, die Mathematisierung jeder einzelnen Theorie bzw. theoretischer Ansätze, ergeben sich zusätzlich Fragen: Mittels mathematischer Strukturen die selbst in der Wirklichkeit nicht vorkommen, können unsere Theorien immer besser die Gesetzmäßigkeiten der uns umgebenden Welt widerspiegeln[59]. Dann liegt in der Anwendung mathematischer Strukturen (bzw. Beziehungen) in den physikalischen Theorien (oder auch in ideellen Modellen) aber offenbar ein Moment der „Unbestimmtheit". Das heißt nicht, daß diese damit nicht zur immer besseren und tieferen Erkenntnis der Eigenschaften und Beziehungen physikalischer Objekte und Prozesse beitragen könnten, sondern in den mathematisierten Theorien sind, wie überhaupt in allen theoretischen Vorstellungen, in denen Abstraktionen, speziell Idealisierungen eine Rolle spielen, auch Züge enthalten, die nicht in der Wirklichkeit aufzufinden sind. Sie stellen ebenfalls eine dialektische Einheit von Abbild und Entwurf (Konstruktion) dar. Andererseits ergibt sich durch die Spezifik der mathematischen Beziehungen, die angewendet werden, eine mögliche bessere „Handhabbarkeit" der physikalischen Theorie (bzw. des Modells) und die Möglichkeit, über die „Flexibilität" der verwendeten mathematischen Beziehungen aus der Theorie evtl. letztendlich mehr „herauszuholen", als ursprünglich in der ersten Anlage in sie „hineingesteckt" und an physikalischen Bedingungen vorgegeben wurde. Das verlangt aber nicht nur die Durchführung bestimmter mathematischer Operationen, sondern in erster Linie die *physikalische Interpretation* der erhaltenen Ergebnisse. Ein gutes Beispiel für eine solche Entwicklung stellen die EINSTEINschen Gravitationsgleichungen (einschließlich gewisser Modifikationen) mit ihren verschiedenen (vom heutigen Standpunkt aus nicht immer sinnvollen) Lösungen dar („stationäres Weltall", FRIEDMANNsche Weltmodelle usw.). Heute werden durch den Menschen „Begriffssysteme und mathematische Theorien als Denkmöglichkeiten objektiven Verhaltens"[60] entwickelt. Das bedeutet auch, daß solche vom heutigen Standpunkt aus wenig sinnvolle Lösungen nicht völlig bedeutungslos zu sein brauchen, wie auch die im 19. Jahrhundert entwickelten nichteuklidischen Geometrien (abgesehen von ihrer innermathematischen Bedeutung) erst viel später in der Physik genutzt wurden. Umgekehrt können heute „sinnvolle" Lösungen durch neue Erkenntnisse an „Wert" für die Physik einbüßen.

Mittels wissenschaftlicher Theorien werden die physikalischen Erscheinungen nicht nur beschrieben (*explikative Funktion* der Theorie), sondern man bereitet mit ihrer Hilfe (hier allein bezogen auf die Forschung) Experimente und Beobachtungen vor, kann unter Umständen bestimmte Ergebnisse voraussagen bzw. noch unbekannte Erscheinungen prognostizieren usw. Letztere Funktion soll daher in einem weiten Sinne als *heuristisch-prognostische* Funktion wissenschaftlicher Theorien bezeichnet werden.

4.4.2. Theorienbildung und -interpretation

Was eine Theorie darstellt kann nur dann voll erfaßt werden, wenn man ihren Zusammenhang mit anderen Formen und Mitteln der Erkenntnis aufzeigt. Dazu ist es notwendig, verschiedene Wege der Theorienbildung zu verfolgen. Innerhalb dieser Theorienbildung (einschließlich der notwendigen Interpretationen bzw. Veranschaulichungen) soll die Rolle ideeller Modelle interessieren.

Unterschiedlichste Verfahren finden in der Theorienbildung Anwendung, was u. a. vom (experimentellen und theoretischen) Entwicklungsstand auf dem entsprechenden Gebiet physikalischer Forschung sowie dem Entwicklungsstand in der Mathematik abhängig ist. Man könnte die entstehenden Theorien danach unterscheiden, ob sie mehr beschreibender Natur sind (also im wesentlichen bei der Erscheinung stehenbleiben und nicht in das Wesen der Erscheinungen eindringen) oder die allgemein-notwendigen und wesentlichen Zusammenhänge in und zwischen den Erscheinungen (die objektiven Gesetzmäßigkeiten) relativ adäquat widerspiegeln. Sie stellen verschiedene (historische) Entwicklungsstufen der Wissenschaft bei der immer besseren und tieferen Erkenntnis des Wesens der Erscheinungen dar. Man sollte auch nicht so streng zwischen z. B. mathematischen

Modelltheorien und axiomatisch-mengentheoretischen Theorien[61] als unterschiedliche Niveaus von Theorien unterscheiden, sondern sie als Ausdruck der differenzierten Vorgehensweise bei der Bildung von Theorien verstehen. Modelle im hier benutzten Sinne gehen in jede physikalische Theorie explizit oder implizit ein.

Es ist beispielsweise möglich, beim Aufbau einer physikalischen Theorie von einigen Axiomen auszugehen, die im Rahmen der Theorie dann nicht begründet werden, und dann auf dieser Grundlage das ganze Gebäude der Theorie zu errichten. Štoff weist darauf hin, daß eine streng deduktive Struktur einer wissenschaftlichen Theorie lediglich ein Ideal sei, dem sich Theorien in den sogenannten exakten Wissenschaften nur in diesem oder jenem Grade annähern können. Vielmehr lassen sich in der Mehrzahl solcher wissenschaftlicher Theorien neben Elementen des deduktiven Aufbaus und der entsprechenden Folgerungen auch Elemente induktiver Verallgemeinerungen systematisiertes Faktenmaterial usw. aufweisen.[62]

Das hängt u. a. eng damit zusammen, daß solche auf vorrangig deduktivem Wege[63] entstandenen Theorien, einschließlich benutzter Begriffe und Größen physikalisch interpretiert werden müssen. Die dabei verwendeten physikalischen Erkenntnisse sind im starken Maße experimentell oder aus der Beobachtung gewonnen, Induktionsschlüsse werden bei ihrer Verallgemeinerung verwendet usw.

Die innertheoretische Entwicklung physikalischer Theorien, oder besser: Die Entwicklung vorrangig des *mathematischen* Apparates solcher Theorien, hat in Teilgebieten der Physik eine zunehmende Bedeutung erlangt. Nicht unbegründet weist A. Einstein darauf hin, daß man in der Physik Theorien verschiedener Art unterscheiden könne. „Die meisten sind konstruktive Theorien. Diese suchen aus einem relativ einfachen zugrunde gelegten Formalismus ein Bild der komplexen Erscheinungen zu konstruieren ... Wenn man sagt, es sei gelungen, eine Gruppe von Naturvorgängen zu begreifen, so meint man damit immer, daß eine konstruktive Theorie gefunden sei, welche die betreffenden Vorgänge umfaßt.

Es gibt aber neben dieser wichtigen Klasse von Theorien eine zweite. Ich will sie Prinzipientheorien nennen. Diese bedienen sich nicht der synthetischen, sondern der analytischen Methode. Ausgangspunkt und Basis bilden nicht hypothetische Konstruktionselemente, sondern empirisch gefundene, allgemeine Eigenschaften der Naturvorgänge, Prinzipien, aus denen dann mathematisch formulierte Kriterien folgen, denen die einzelnen Vorgänge bzw. deren theoretische Bilder zu genügen haben.

Vorzug der konstruktiven Theorien sind Vollständigkeit, Anpassungsfähigkeit und Anschaulichkeit, Vorzug der Prinzipientheorie ist logische Vollkommenheit und Sicherheit der Grundlage."[64] Obgleich letzteres sicherlich ein anzustrebendes Ideal ist (z. B. müssen auch solche Theorien der praktischen Überprüfung standhalten) und man synthetische und analytische Methode nicht allzusehr auf den einen oder anderen Weg zur Theorie beschränken sollte (Elemente synthetischen bzw. analytischen Vorgehens spielen auf den verschiedensten Ebenen eine Rolle), kennzeichnete A. Einstein doch die zwei grundlegenden Wege zur Theorie. An anderer Stelle meinte er: „Durch rein mathematische Konstruktion vermögen wir nach meiner Überzeugung diejenigen Begriffe und diejenigen gesetzlichen Verknüpfungen zwischen ihnen zu finden, die den Schlüssel für das Verstehen der Naturerscheinungen liefern."[65] Mit anderen Worten, in den modernen Theorien der Physik ist über einen gewissen Zeitraum beim Vorliegen (oder der möglichen und notwendigen Ausarbeitung) anwendbarer mathematischer Strukturen eine Entwicklung des mathematischen Apparates möglich. Jedoch kann dies auf unterschiedlichste Weise geschehen. Es ist beispielsweise in der Stufe der Arbeit mit einem Modell auch notwendig, logisch-mathematische Konsequenzen des Modells aufzudecken bzw. dieses zunächst einmal erst zu mathematisieren. Aber auch aus ausgearbeiteten, vorliegenden Theorien kann die Notwendigkeit folgen, die mathematischen Beziehungen weiter auszuarbeiten. In solchen Fällen wird früher oder später eine Interpretation der gewonnenen Ergebnisse notwendig, ohne die der neue (bzw. abgeänderte) Apparat physikalisch keinen Sinn hat. Wann diese Interpretation jedoch erfolgt, ist u. a. auch von der Vorgehensweise der entsprechenden Theoretiker abhängig. Letztendlich muß auch eine solcherart weiterentwickelte oder entwickelte Theorie im Experiment usw. zeigen, ob sie die zu untersuchenden Erscheinungen in bestimmten gesetzmäßigen Zusammenhängen adäquat widerspiegelt, auch wenn eine solche Überprüfung unter Umständen einen längeren Zeitraum einnehmen kann oder erst in der späteren Zukunft möglich wird. Im Laufe solcher Theorienbildung können Experimente oder Beobachtungen auch den weiteren Weg der Theorie stimulieren und bestimmen. Das ist nur möglich, wenn gewissermaßen über Modelle und Gedankenexperimente bzw. eine Hierarchie, Folge von Modellen u. a. theoretische Vorstellungen sowie praktische Erfahrungen eine „Erdung“ der Theorie stattfindet. Demzufolge ist eine der wichtigen Funktionen von Modellen im Theorienbildungsprozeß (als Bindeglied zwischen Experiment und Theorie) die Veranschaulichung, Interpretation der durch innertheoretische Entwicklungen des mathematischen Apparates gewonnenen „formalen“ Theorien. Der physikalische Inhalt einer solchen Theorie muß deutlich aufgedeckt werden, um praktische Folgerungen zu ermöglichen. Dabei kann die Interpretation der Theorie durch Modelle dazu führen, neue Anwendungsmöglichkeiten für die vorliegende Theorie aufzudecken. Speziell ist dies bei Anwendung bestimmter Theorien der Physik (z. B. irreversible Thermodynamik) in anderen Erscheinungsbereichen (biologische Evolution) der Fall.

Oftmals werden zur Untersuchung bestimmter Erscheinungen Modelle herangezogen, die Vereinfachungen, Konkretisierungen der Theorie darstellen und benutzt, als ob sie die Theorie selbst wären. Auch bevor eine relativ vollständige Theorie vorliegt, werden ausgearbeitete Modelle oftmals als „als-ob Theorie" angewendet.

Die Funktion der Interpretationsmodelle besteht aber nicht in jedem Fall vor allem darin, der Überprüfung der Theorie in der Praxis — im Experiment, in der Beobachtung bzw. bei der technischen Nutzung theoretischer Erkenntnisse — zu dienen. Die Veranschaulichung, Interpretation bestimmter „formaler" theoretischer Vorstellungen, sogar einzelner Gleichungen mittels ideeller Modelle, das Überdenken ihrer Konsequenzen in Gedankenexperimenten, können die innertheoretische Entwicklung erleichtern, weil der physikalische Sinn der verwendeten Abstraktionen aufgedeckt wird. Die Entscheidungen für mögliche Varianten des im weiteren bei der Theorienentwicklung einzuschlagenden Weges kann unter Umständen erleichtert werden, die Bildung neuer, auch mathematischer Hypothesen wird gefördert.

Neben dem erwähnten Weg der Theorienbildung existieren auch andere Wege, sicherlich gibt es keinen „reinen" Weg.

Man kann sich bereits zur Deutung erster Ergebnisse bei der Untersuchung eines Objektes ein erstes, noch ziemlich grobes Gedankenmodell von seiner Beschaffenheit konstruieren.[66] In bezug auf die gegebene Kennzeichnung der Stufen der Modellbildung gehört ein solches Vorgehen zur Suche nach dem Ausgangsmodell (zur heuristischen Stufe). Aus diesem „groben" Gedankenmodell können Schlußfolgerungen für das Verhalten des Objektes unter anderen Bedingungen (unter Umständen bei anderen Experimenten) gezogen und die Folgerungen im Experiment überprüft werden.[67] (Das bedeutet, daß hier kognitive und pragmatische Stufe der Modellbildung ihre Widerspiegelung finden.)

Die Ergebnisse können zu einer Abänderung des Ausgangsmodells führen. Dann erst wird eine *Theorie des Modells* entwickelt, die noch keineswegs den Anspruch erhebt, das Verhalten des Objektes richtig zu beschreiben (d. h., zunächst ist sie nur eine Theorie über das ideelle Modell — N. H.).[68] Das ideelle Modell wird hier also zu einem „als-ob Objekt", wobei es in wesentlichen Punkten gesetzmäßige Beziehungen des Objektes relativ adäquat widerspiegeln soll. Erst der weitere Forschungsprozeß kann ergeben, ob die Theorie das zu untersuchende Objekt adäquat widerspiegelt.

Aus der Theorie des Modells können eine große Anzahl von experimentell überprüfbaren Schlußfolgerungen gezogen werden. In ständiger Wechselwirkung von Experiment und Theorie wird somit schrittweise das Modell verbessert, eine immer bessere Annäherung an die Wirklichkeit wird erzielt. Jede neue oder verbesserte Theorie regt wieder zu neuen Experimenten an. Dagegen fordert jedes die Theorie nicht voll bestätigende Experiment auf, die Theorie abzuändern oder zu verbessern bzw. evtl. eine andere Theorie für den neuen Erscheinungsbereich aufzustellen.[69]

Die Stufen der Modellbildung in ihrer Wechselbeziehung haben für den Theorienbildungsprozeß eine große Bedeutung — völlig eindeutig voneinander trennen kann man sie nicht, lediglich in der Abstraktion. Das Ausgangsmodell braucht nicht in jeder Beziehung „grob" zu sein, es kann sich (modifiziert) durchaus schon in anderen theoretischen Bereichen bewährt haben und damit in bestimmter Beziehung zu anderen Theorien stehen bzw. zu einem solchen Modell analog sein (z. B. Schalenmodell für die Elektronen im Atom — Schalenmodell des Atomkerns, Modell des elektromagnetischen Feldes — Modell des quanten-elektromagnetischen Feldes[70] u. a.). Sicherlich ist auch die Stufe der Arbeit mit dem Modell weitaus umfangreicher, als sie in 2.3.3. beschrieben wurde. Ein wesentlicher Aspekt physikalischer Theorienbildung soll hier herausgegriffen werden.

Die benutzten Ausgangsmodelle beinhalten in mehr oder weniger großem Umfang mathematische Strukturen, mit deren Hilfe wesentliche Zusammenhänge des Untersuchungsobjektes widergespiegelt werden sollen. Im Prozeß der Arbeit mit dem Modell geht es daher u. a. 1. um eine Mathematisierung des Modells überhaupt (wenn diese möglich ist) oder 2. um die Ableitung weiterer mathematischer Konsequenzen aus dem Modell. Die Mathematisierung kann durch das Gedankenexperiment unterstützt werden. Die Anwendung mathematischer Strukturen im Modell hat jedoch noch pragmatische Aspekte:

1. Das vorausgesetzte ideelle Modell „darf“ für vorhandene mathematische Apparate nicht „zu kompliziert“ sein; 2. man muß mit dem mathematisierten Modell noch „sinnvoll rechnen“ können. Das bedeutet zunächst, daß es notwendig ist, sich bei der Wahl des Ausgangsmodells auf die Widerspiegelung bestimmter, bisher als wesentlich erkannte Eigenschaften und Beziehungen *und* Eigenschaften, Beziehungen des Untersuchungsobjektes, die sich evtl. als wesentlich für die zu untersuchende Erscheinung herausstellen können, zu beschränken. Ob die Mathematisierung dann aber zumindestens z. T. möglich ist, ist abhängig vom Stand der Mathematik und dem Stand der Ausarbeitung eines solchen Ausgangsmodells. Ob die Mathematisierung notwendig ist, bestimmen Faktoren wie die Möglichkeit eines zusätzlichen Erkenntnisgewinnes und/oder die Möglichkeit der besseren Beherrschbarkeit des theoretischen Apparates bzw. des zu untersuchenden Objektes. Die entstehenden Modelle sind *mathematisierte* Modelle einer Einzelwissenschaft. Sie können („entkleidet“ ihrer physikalischen Interpretation im Rahmen eines theoretischen Gebäudes der Physik) zu mathematischen Modellen werden. Das ist beispielsweise dann der Fall, wenn es um die automatische mathematische Auswertung von Versuchs- bzw. Beobachtungsergeb-

nissen mit EDVA geht.[71] Im letzteren Falle handelt es sich jedoch weiterhin in erster Linie um physikalische Forschung (auch wenn solche Methoden von Mathematikern „bereitgestellt" werden) und die erhaltenen Ergebnisse haben direkt Rückwirkungen auf das physikalische Modell. Es erscheint besser, zwischen mathematischen und mathematisierten Modellen zu unterscheiden, weil z. B. in mathematisierten einzelwissenschaftlichen (hier physikalischen) Modellen der Grad der Mathematisierung sehr unterschiedlich sein kann und bis zu Modellen in Form von interpretierten Gleichungssystemen u. a. führt.

4.4.3. Modelle als integraler Bestandteil der Theorie

Nicht nur im unmittelbaren Prozeß der Theorienbildung spielen ideelle Modelle eine wesentliche Rolle. Solche „Gebilde" wie der Massenpunkt in der klassischen Mechanik, die Feldvorstellungen in der Elektrodynamik bzw. Quantenelektrodynamik u. a. stellen idealisierte Objekte der Theorie dar, sind zum integralen Bestandteil der Theorie geworden.

Dabei müssen verschiedene Aspekte berücksichtigt werden. Wir unterscheiden bewährte, relativ bestätigte Theorien (klassische Mechanik u. a.) von Theorien, besser Theorienentwürfen, deren theoretischer Apparat ausgearbeitet wird und die durch die weitere Forschung ihre Bestätigung finden müssen wie beispielsweise die Quantenchromodynamik, die die besten Aussichten hat, die Theorie der starken Wechselwirkungen zu werden.

Solche Theorienentwürfe sind in erster Linie noch Theorien über ein Modell. So vermag aber beispielsweise die Quantenchromodynamik in Verbindung mit dem bag-Modell (A. Chodos, R. L. Jaffe, K. A. Johnson, C. B. Thorn und V. F. Weisskopf) bereits viele Eigenarten der Hadronen zu erklären[72]. In diesem Sinne sind natürlich auch in solchen Theorienentwürfen Modelle als idealisiertes Objekt der Theorie (bzw. des Theorienentwurfs) vorhanden.

Dem bag-Modell zufolge sind die Quarks, die ein Hadron bilden, in einer Art Blase eingeschlossen. Viele Aspekte der starken Wechselwirkung zwischen Quarks lassen sich daraus erklären.

In der Blase bewegen sich die Quarks frei und unabhängig. Die starke Wechselwirkung kommt ins Spiel, wenn man versucht, ein Quark aus der Blase zu entfernen, das Quark bleibt eingeschlossen.[73]

In relativ bestätigten Theorien sind die idealisierten Objekte der Theorie, die ideellen Modelle, selbst im Rahmen des Anwendungsbereiches der Theorie nicht mehr hypothetischer Natur. Solche Modelle sind integraler Bestandteil von Theorien im engeren Sinne, im Rahmen des Anwendungsbereiches der Theorie bleiben sie bestehen, werden nicht mehr verändert, finden nur ihre Konkretisierung und Modifikation bei konkreten Anwendungen der Theorie. Zu solchen integralen Bestandteilen der Theorie gehören gleichfalls Inertialsysteme u. ä. Doch nicht in jedem Fall haben alle verwendeten Modelle den Charakter einer fundamentalen Idee, da neben den grundlegenden Modellen noch andere auftreten, die eine Rolle bei der Darstellung der Theorie, bzw. bei ihrer weiteren Veranschaulichung bzw. Konkretisierung spielen (dazu gehören eben auch Konkretisierungen des grundlegenden Modells, die sich aus der Anwendung der Theorie ergeben). Die verschiedenen Beziehungen der Modelle zur Theorie können nun zusammengefaßt werden:

1. Das Modell kann als „als-ob Objekt" in der Theorienbildung dienen. Das trifft nicht nur ideelle Modelle, sondern auch materielle Modelle, die in Modellexperimenten die zu untersuchenden Objekte aus unterschiedlichsten Gründen ersetzen müssen.

2. Ein ideelles Modell kann theoretisch so ausgearbeitet sein, daß es im Theorienbildungsprozeß als „als-ob

Theorie“ auftritt und so faktisch eine noch nicht vorliegende Theorie „ersetzt“, es bleibt dabei aber ein entwickeltes hypothetisches theoretisches System.

3. Die durch innertheoretische Entwicklungen vor allem des mathematischen Apparates der Theorie entstehenden abgeänderten oder neuen „formalen“ Theorien müssen durch Modelle interpretiert werden; dabei können u. a. Vereinfachungen der Theorie z. B. als konkrete Modelle diese ersetzen und solche Modelle ebenfalls als „als-ob Theorie“ auftreten. Mit der Veranschaulichung der Theorie gewinnt das Problem einer sich historisch verändernden und entwickelnden Anschaulichkeit der Modelle an Bedeutung.

4. Bei gesicherten Theorien kann das ideelle Modell zum integralen Bestandteil der Theorie geworden sein. Mit der relativen Bestätigung der Theorie (in dem Sinne, daß sie objektiv wahres Wissen enthält, jedoch eine relative Wahrheit darstellt) verliert auch das Modell als integraler Bestandteil, als idealisiertes Objekt der Theorie seinen hypothetischen Charakter.

5. Wissenschaftliche Reduktionen oder Reduktionismus?

Zieht man in Betracht, daß in der objektiven Realität mannigfaltige qualitative und quantitative Erscheinungen, ihre Beziehungen, Veränderung und Entwicklung existieren, dann kann der Eindruck entstehen, daß in den meisten Modellierungsprozessen völlig ungerechtfertigte Vereinfachungen vorgenommen werden. Das betrifft die Bildung von materiellen Modellen — obgleich man hier differenzieren muß — aber noch mehr die von ideellen Modellen, bei denen z. B. der historisch-genetische Aspekt bestimmter Erscheinungen bei einigen Untersuchungen nicht beachtet wird, aus einem System nur einige Elemente und einige wenige Wechselwirkungen betrachtet werden, physikalische Erkenntnisse zur Untersuchung und Erklärung biologischer Erscheinungen herangezogen werden usw. Aus einer undifferenzierten Betrachtungsweise bzgl. eines solchen Vorgehens können Vorbehalte gegenüber der Modellierung insgesamt erwachsen.

Zunächst müßte man aber fragen, welchen Charakter solche „Vereinfachungen" haben und ob man ohne sie im wissenschaftlichen Erkenntnisprozeß ebenfalls zur besseren Erkenntnis und Beherrschung der Erscheinungen gelangen könnte. Im gewissen Sinne ist auch die Interpretation, Veranschaulichung des Unbekannten mittels des bereits bekannten eine solche „Vereinfachung", weil der Anwendungsbereich bereits vorliegender ideeller Modelle bzw. Theorien nicht zwingend mit Notwendigkeit ausgeweitet werden kann. Daraus ergibt sich, daß man Bedingungen und Grenzen für solche „Vereinfachungen" oder besser Zurückführungen ansetzen müßte. Eng mit dem Problem der Erklärung des Unbekannten mittels bereits bekanntem Wissen steht gleichfalls die Frage nach der Anschaulichkeit von Modellen.[1]

5.1. Formen wissenschaftlicher Reduktionen und Modellbildung in der Physik

Reduktion bedeutet eigentlich eine Zurückführung, „Herabsetzung" auf bestimmte Prinzipien oder Formen. Das kann einerseits zu unberechtigten Vereinfachungen, Vergröberungen im Erkenntnisprozeß führen. Damit kann aber auch die Möglichkeit eines begründeten methodischen Vorgehens bei der Untersuchung der Erscheinungen allgemein umschrieben werden. Ein solches Vorgehen tritt jedoch nicht isoliert von anderen Methoden der Erkenntnis auf, sondern beispielsweise, wenn aus dem Modellverhalten (in Modellexperimenten, aber auch im Gedankenexperiment u. a.) Schlußfolgerungen für das mögliche Verhalten des Originals unter anderen objektiven Bedingungen, also eine bestimmte Hypothese für das Verhalten des Originals, abgeleitet werden. Reduktionen finden neben anderen Methoden in verschiedenen Stufen der Modellbildung, speziell in der heuristischen, der kognitiven und der pragmatischen Stufe ihre Anwendung.

Der Begriff wissenschaftlicher Reduktionen umfaßt Prozeß und Resultat in Inhalt und Form. Wissenschaftliche Reduktionen sind nicht auf die Theorienbildung oder auch auf die Hypothesenbildung und -interpretation in ihren verschiedenen Formen (vgl. Kapitel 4.) einzuschränken, sondern gehen auch in die Resultate ein. Im Zusammenhang mit anderen Methoden der Erkenntnis wurden sie in der Geschichte der Physik bewußt oder unbewußt immer verwendet. Bei jeder Gesetzeserkenntnis, man denke nur an die Aufdeckung des Fallgesetzes durch GALILEI, wurde von einzelnen, in Hinblick auf den zu untersuchenden Zusammenhang zweitrangigen Beziehungen der Erscheinungen abgesehen, um allgemein-notwendige und wesentliche Zusammenhänge, Gesetze, hervorzuheben. Im Grunde geschieht dabei jedes Mal eine Reduktion des Einzelnen bzw. des Besonderen auf das Allgemeine. In der Massenpunktmechanik wurden Körper theoretisch auf Massenpunkte bzw. Systeme von Massenpunkten reduziert. Mit den zunächst hypothetischen und später in ihren im Laufe der Zeit erkannten Grenzen bestätigten Modellen, konnte die mechanische Bewegung vieler Körper in der Theorie als historisch begrenzter geistigen Reproduktion des Konkreten relativ adäquat erfaßt werden. Aber damit wurde die, wie sich durch „ihre" Überprüfung in der Praxis herausstellte, *wissenschaftlich berechtigte* Reduktion nicht aufgegeben, sondern praktisch in der Theorie, im ideellen Modell als integralen Bestandteil der Theorie, festgeschrieben.

Betrachtet man beispielsweise die Geschichte der Vorstellungen über unser Sonnensystem, so wurde durch KOPERNIKUS und seine Nachfolger von der Entwicklung unseres Sonnensystems abgesehen und allein die Bewegung der Planeten untersucht. Atome wurden bis zum

Ende des 19. Jahrhunderts, wenn ihre Existenz überhaupt anerkannt wurde, als kleine Kugeln, später mit RUTHERFORD als Sonnensystem im Kleinen angesehen und demnach also lange Zeit als mechanisch erklärbar betrachtet. Im nachhinein sind offenbar viele Reduktionen nicht zu rechtfertigen. Vom Wissensstand ihrer Zeit her, von der Geschichte der Physik her betrachtet, waren sie aber oftmals wissenschaftlich berechtigt und notwendig.

Wir wollen hier allgemein folgende Formen wissenschaftlicher Reduktionen unterscheiden, wobei noch weitere, abgeleitete, existieren:

1. Die Reduktion qualitativ höherer Struktur-, Bewegungs- oder Entwicklungszusammenhänge auf niedrigere;
2. die Reduktion von Entwicklungs- auf Bewegungszusammenhänge;
3. die Reduktion von Bewegungs- auf Strukturzusammenhänge;
4. die Reduktion der objektiv existierenden Dialektik von Allgemeinem — Besonderem — Einzelnem, Ganzem — Teil, Wesen — Erscheinung, Qualität — Quantität usw. auf nur eine Seite des dialektischen Zusammenhanges[2].

Dabei ist darauf zu verweisen, daß die Reduktion des Besonderen auf das Allgemeine u. a. auch mit der Herausbildung allgemeiner Theorien verbunden ist, die in der Physik beispielsweise eine große Zahl von Experimenten und Beobachtungen erklären und eine Vielzahl vorliegender theoretischer Erkenntnisse zusammenfassen. Die Reduktion des Systems auf die Elemente oder auf Teilsysteme (als eine Form der Reduktion der objektiv existierenden Dialektik von Teil und Ganzem auf eine Seite des Zusammenhangs) dient der besseren Untersuchung und Erkenntnis komplexer Systeme mit vielfältigen Wechselwirkungen. Zur Erkenntnis der Gesetze höherer Bewegungsformen (bzw. Strukturniveaus) der

Materie werden oftmals bereits erkannte Gesetze niedrigerer Bewegungsformen benutzt[3]. Dabei muß man sich aber stets der Grenzen solcher Reduktionen bewußt werden.

Bei der Modellierung in der Physik kam u. a. der Reduktion des Systems auf seine Elemente eine große Rolle zu. Die Massenpunktmechanik wurde in diesem Zusammenhang bereits erwähnt. Betrachten wir Gebiete der Festkörperphysik, so können wir im historischen Prozeß der Modellbildungen feststellen, daß man von Modellen, die keine bzw. nur wenige wesentliche Wechselwirkungen widerspiegelten, zu ideellen Modellen gelangte, die bedeutend umfassender allgemein-notwendige und wesentliche Beziehungen und Wechselwirkungen in Festkörpern widerspiegelten. In der heutigen Elementarteilchenphysik deutete sich seit den 60er Jahren an, daß über die konsequente Entwicklung der Folgerungen aus der Quarkhypothese weitaus mehr Vorgänge im Elementarteilchenbereich erklärt werden können als mit vorhergehenden Vorstellungen. Dabei zeigte sich in der weiteren Entwicklung (gegen Ende der 60er Jahre), daß das ursprüngliche Quarkmodell zu einfach war und eine neue Quantenzahl „Colour" eingeführt werden mußte. Das erweiterte Quarkmodell konnte das beobachtete Hadronen-Spektrum gut erklären, jedoch blieben zahlreiche andere Fragen offen, wobei man heute hofft, daß die Quantenchromodynamik viele dieser Fragen beantworten kann (bzw. wird).[4] Einmal vorgenommene Reduktionen werden also im Laufe der tieferen Erkenntnis historisch „überwunden" bzw. zeigen ihre Grenzen, ohne daß sie als wissenschaftlich berechtigt nachgewiesene Reduktionen völlig verschwinden können: Die *Gesamtheit* (oder Totalität) aller Beziehungen und Wechselwirkungen läßt sich in wissenschaftlichen Modellen und Theorien nicht vollständig erfassen, auch wenn sie objektive Dialektik immer adäquater widerspiegeln vermögen, sondern Theorien widerspiegeln eine (relative) Gesamtheit wesentlicher Beziehungen. Zueinander komplementären Modellen kommt in diesem Zusammenhang besondere Bedeutung zu, weil durch sie die Grenzen der in einzelnen Modellen vorliegenden Reduktionen deutlicher werden und Reduktionen gewissermaßen auf einer „höheren Stufe“ aufgehoben werden, wiedererstehen in der Gesamtheit zueinander komplementärer Modelle einer Erscheinung.

Im Prozeß der Bildung des ideellen Modells bzw. des Aufbaus oder der Auswahl eines materiellen Modells sind wissenschaftliche Reduktionen und ihre materielle Umsetzung in materiellen Modellen nicht der „ganze“ Weg zum Modell. Sie sind stets mit anderen Mitteln und Formen Ergebnisse des Erkenntnisprozesses, z. B. mit Idealisierungen im weiteren und engeren Sinne verbunden. Dies geschieht bei Idealisierungen aber in dem Sinne, daß durch die Form der ideell vorzunehmenden bzw. vorgenommenen Reduktionen zunächst in erster Linie die Richtung des Abstraktionsprozesses festgelegt ist (z. B. alleinige Untersuchung quantitativer oder qualitativer Parameter). Wie weit im Einzelnen der Prozeß der Abstraktion verläuft, ist mit dem Grad der Abstraktion vorliegender Vorstellungen sowie dem angestrebten Grad der Abstraktion verknüpft.

Sucht man die Grenzen der Anwendung wissenschaftlicher Reduktionen, so kann man sich vorliegender Auffassung anschließen: „Alle einzelwissenschaftlichen Mittel und damit auch alle einzelwissenschaftlichen Reduktionen sind erlaubt, wenn sie zu einem erweiterten Verständnis des untersuchten Objekts, wenn sie zu echtem Erkenntnisfortschritt führen“[5]. Bedingungen und Grenzen der Reduktionen, soweit vom einzelwissenschaftlichen und philosophischen Wissensstand aus bekannt, müssen, um Verabsolutierungen und falsche Anwendungen wissenschaftlicher Reduktionen zu vermeiden, angegeben bzw. ihre Erkenntnis muß im Laufe des Forschungsprozesses angestrebt werden[6]. Wird die Reduktion jedoch verabsolutiert, wird sie allein zur Erklärung herangezogen, so kann dies zum philosophischen Reduktionismus führen. Das kann über die Verabsolutierung der Gültigkeit physikalischer Modelle im biologischen Bereich oder von Modellen für die Naturerkenntnis bzw. Erkenntnissen aus diesem Bereich, die allein für die tiefere Erfassung gesellschaftlicher Prozesse herangezogen werden, geschehen.

Jedoch treffen viele solcher Auffassungen bereits in der Erforschung der betreffenden Erscheinungen früher oder später auf ihre Grenzen. Im gesellschaftswissenschaftlichen Bereich ist ihre Anwendung unmittelbar mit weltanschaulichen Konsequenzen verbunden. Einseitige Auffassungen über wissenschaftliche Reduktionen und ihre Gültigkeit treffen im naturwissenschaftlichen Bereich dann auf ihre Grenzen, wenn sie im unmittelbaren Forschungsprozeß auf unüberwindbare Schwierigkeiten stoßen, können aber auch zu weltanschaulichen Konsequenzen führen. Die Erkenntnis, daß biologische Erscheinungen nicht auf physikalische reduzierbar sind, hat sich daher unter einer Vielzahl von Physikern schon lange durchgesetzt[7]. Auch die Reduktion der Mathematik auf ein vorwiegend quantitatives Hilfsmittel für die Physik, erscheint mit der zunehmenden Erkenntnis der Möglichkeit, physikalische Theorien über eine vorwiegend den mathematischen Apparat der Theorie entwickelnde Weise weiterzubringen, weitgehend überwunden bzw. überwindbar zu sein.

Manchmal wird in der marxistisch-leninistischen Theorie der Begriff „Reduktionismus“ im Sinne von „einzelwissenschaftlichen Reduktionen“ benutzt und vom (philosophischen) Mechanizismus und sowie Antireduktionismus unterschieden[8]. Während dabei „Mechanizismus“ im wesentlichen das bezeichnen soll, was hier unter philosophischen Reduktionismus verstanden werden soll, bezeichnet „Antireduktionismus“ eine Denkweise, die z. B. die qualitativen Besonderheiten eines Strukturniveaus der Materie überbetont und jede Zurückführung (im Sinne der wissenschaftlichen Untersuchung) auf niedrigere Strukturniveaus ablehnt. Solche

Haltungen sind berechtigt, wenn sie gegen Verabsolutierungen im wissenschaftlichen Erkenntnisprozeß und speziell bei der Modellierung vorgebracht werden, die die qualitativen Besonderheiten eines Strukturniveaus völlig auf die des niederen Strukturniveaus reduzieren wollen, oder ein System allein aus dem Verhalten und den Wechselbeziehungen seiner Elemente erklären. In diesem Sinne ist antireduktionistische Kritik gegenüber verabsolutierten einzelwissenschaftlichem Vorgehen (das im Forschungsprozeß seine Grenzen zeigt) und gegenüber dem philosophischen Reduktionismus, der sich auch Verabsolutierungen im einzelwissenschaftlichen Vorgehen zunutze macht, gerechtfertigt. Nicht gerechtfertigt ist er dort, wo er durch die Negierung spezieller Methoden der Wissenschaften einzelwissenschaftliche Erkenntnisprozesse hemmt.

Der Begriff „Mechanizismus" ist zur Bezeichnung wissenschaftlicher Reduktionen nicht exakt, weil er inhaltlich in der historischen Beziehung zwischen Physik, Chemie und Biologie im 17. Jahrhundert entstand und in seinem methodologischen Grundsatz, alle Erscheinungen mit den Mitteln der Mechanik zu erklären, wissenschaftsgeschichtlich gesehen bzgl. des Kenntnisstandes jener Zeit positiv zu werten ist — zuerst mußten alle möglichen Konsequenzen seines Forschungsprogramms ausgelotet werden.

Was hier als philosophischer Reduktionismus gefaßt wird, ist immer bewußt oder unbewußt philosophischer Natur. Aufbauend auf einzelnen oder mehreren, begründeten oder unbegründeten, einzelwissenschaftlichen Reduktionen, verallgemeinert er diese philosophisch und gibt unwissenschaftliche Antworten auf weltanschauliche Fragen, kann dabei falsche, aber auch richtige einzelwissenschaftliche Reduktionen anregen, ohne sie im Gesamtzusammenhang methodologisch werten zu können. Durch seine Orientierung an Teilergebnissen der Wissenschaft und der Mißachtung der materialistischen Dialektik läßt er sich zur Ableitung und „Begründung" systematischer Antidialektik mißbrauchen.[9]

Manchmal wird der Versuch unternommen, physikalische Theorien aufeinander zu reduzieren.[10] Darin liegt eine gewisse Berechtigung, wenn nicht die Erklärung qualitativ verschiedener Strukturniveaus aufeinander reduziert wird und der historische Erkenntnisfortschritt der Physik außer acht gelassen wird. Es hat wenig Sinn, z. B. die Spezielle Relativitätstheorie auf die NEWTONsche klassische Mechanik unter der Annahme der idealen Bedingungen $v/c = 0$ reduzieren zu wollen,[11] wenn die qualitativ neuen Züge — die andere Raum-Zeit-Auffassung der Speziellen Relativitätstheorie — dabei völlig außer acht bleiben.

Ein Versuch der Reduktion unterschiedlicher Theorien aufeinander hat nur einen Sinn, wenn es z. B. darum geht, äquivalente Beschreibungen einer Erscheinung zu verdeutlichen, oder den Gebrauch bestimmter Begriffe zu präzisieren bzw. Theorien im Rahmen bereits vorliegender Theorien neu einzuordnen oder neue Beziehungen zwischen einzelnen Theorien aufzudecken, z. B. Korrespondenz zwischen Theorien. Das ist nicht identisch mit Versuchen, Theorien über unterschiedliche Strukturniveaus der Materie bzw. unterschiedliche Erscheinungen aufeinander zu reduzieren.

5.2. Physikalische Modelle in anderen Wissenschaften?

Wenn man von der Arbeit mit physikalischen Modellen in anderen Wissenschaften spricht, so muß zunächst die Physik selbst mit ihren unterschiedlichen Bereichen genannt werden, wenn Modelle aus einem Bereich in einem anderen — je nach Untersuchungsobjekt bzw. -prozeß jedoch modifiziert — Anwendung finden. Daneben sei auf das Verhältnis von Grundlagenforschung und angewandter Forschung verwiesen. Das ist aber nicht gleichbedeutend mit einer Reduktion unterschiedlicher Bereiche physikalischer Erkenntnisse aufeinander.

Als naturwissenschaftliche Grundlage gehen physikalische Erkenntnisse und damit zahlreiche Modelle der Physik in technische Wissenschaften, als wesentliche wissenschaftliche Grundlage der materiellen Produktion — und damit als Einheit von natürlichen und gesellschaftlichen Komponenten — ein. Technische Wissenschaften lassen sich weder auf angewandte Naturwissenschaft noch auf „materialisierte Ökonomie“ reduzieren, sondern ihnen kommt eine aktive Rolle bei der auf wissenschaftlichen Grundlagen beruhenden Gestaltung des Produktionsprozesses zu.[12] In dieser Hinsicht werden physikalische Modelle in der Elektrotechnik, in der Elektronik u. v. a. technischen Wissenschaften genutzt.

Mit der erfolgreichen Anwendung der Quantenmechanik einschließlich ihrer Modelle in der Chemie (beispielsweise aber auch der Thermodynamik) entstand die Frage, ob sich die Chemie bzw. die chemischen Eigenschaften und Beziehungen objektiv-realer Erscheinungen nicht restlos physikalisch erklären lassen. Die unterschiedlichen Standpunkte werden heute breit diskutiert. Es ist jedoch möglich, daß sich Veränderungen im makroskopischen Bereich (z. B. die Entstehung neuer Stoffe mit veränderten makroskopischen Eigenschaften) zwar mit mikroskopischen Prozessen in Verbindung bringen, jedoch nicht völlig aus ihnen erklären lassen.[13]

Weitaus deutlicher wurde dagegen im Laufe der Erforschung der Lebensprozesse, daß sich biologische Vorgänge nicht auf physikalische Gesetzmäßigkeiten reduzieren lassen und physikalische Theorien und Modelle die qualitativen Besonderheiten biologischer Vorgänge nicht erfassen können. Dagegen beschreiben sie aber die physikalischen Gesetzmäßigkeiten, die in biologischen Objekten und Prozessen sowie ihren Wechselwirkungen mit der Umwelt bestehen. Dabei ging es in der Forschung nicht um die einfache Übernahme physikalischer Erkenntnisse und Methoden in die Grenzwissenschaft Biophysik, sondern insbesondere auch um die Ausarbeitung neuer Methoden und Auffassungen bei der Untersuchung von Lebensprozessen. In dieser Wissenschaft hat die Modellierung eine große Bedeutung erlangt.[14]

Zur Beschreibung der physikalischen Gesetzmäßigkeiten von lokalen und globalen geologischen Prozessen sowie der Beziehungen zwischen menschlicher Gesellschaft und Umwelt werden physikalische Erkenntnisse herangezogen, ohne daß diese Prozesse damit auf Physik reduzierbar wären. In allen diesen Fällen geht mit der Anwendung physikalischer Theorien und Modelle keine Reduktion qualitativ höherer Strukturniveaus auf niedrigere vor sich, sondern dieses wissenschaftliche Vorgehen ist dadurch begründet, daß physikalisch-(chemische) Gesetzmäßigkeiten auch in höheren Strukturniveaus der Materie ihre Gültigkeit behalten, gewissermaßen den physikalisch-(chemischen) Rahmen bilden.

Besonders sei aber auf die heuristische Rolle der Anwendung von Erkenntnissen über in der Physik ausgearbeitete und entwickelte Methoden verwiesen. Wenn daher Erkenntnisse über die Modellmethode oder auch einzelne Modelle, die in der Physik (aber auch in anderen Wissenschaften) erlangt wurden, in anderen Gebieten (z. B. auch in Gesellschaftswissenschaften) verwendet werden, so müssen sie aber dort, in den entsprechenden Forschungen, ihre Fruchtbarkeit erweisen. Als „Brücke" erweist sich hier oftmals die Mathematik, wobei nicht von vornherein klar ist, ob die in physikalischen Modellen verwendeten mathematischen Strukturen ebenfalls zur Modellierung von Objekten oder Prozessen höherer Strukturniveaus ausreichen. Es geht also nicht um eine einfache Übertragung gewonnener Erkenntnisse über die Modellmethode in der Physik oder über einzelne dort verwendete Modelle, sondern um die Nutzung gewonnener Erfahrungen (evtl. über die Ausarbeitung mathematischer Modelle) zur Modellierung bestimmter Aspekte gesellschaftlicher Prozesse, individuellen Verhaltens usw., wobei die erkannten grundlegenden Gesetzmäßigkeiten dieses Strukturniveaus der Materie allgemeine und wesentliche Voraussetzung der Modellierung sind.

6. Schlußbemerkungen

In den vorliegenden Ausführungen wurde der Versuch unternommen, einige wesentliche Funktionen und Beziehungen von Modellen im wissenschaftlichen Erkenntnisprozeß zu untersuchen. Dabei stand die erkenntnistheoretisch-methodologische Analyse der Rolle ideeller Modelle in Theorienbildungsprozessen im Vordergrund der Betrachtung. Zusammenfassend könnte man folgende Ergebnisse der Arbeit hervorheben:

1. Wissenschaftliche Modelle sind ein Mittel und eine Form der Erkenntnis, die in Theorienbildungsprozessen in engem Zusammenhang mit anderen Mitteln und Formen der Erkenntnis, wie der Hypothese, dem Gedankenexperiment und dem Analogieschluß, stehen. Ihre Bildung sowie Anwendung erfordert in hohem Maße schöpferische Aktivität.

2. Bei der Bildung und Arbeit mit den Modellen kann man vier Stufen unterscheiden, die in enger Wechselbeziehung stehen können, jedoch nicht in jedem konkreten Modellbildungsprozeß tatsächlich alle durchlaufen werden (heuristische, kognitive, pragmatische und erklärende Stufe). Ein Modell ist stets durch seine Beziehungen zu dem, wovon es Modell ist und dem wofür es Modell ist, im menschlichen Erkenntnisprozeß bestimmt.

3. Wissenschaftliche Hypothesen können zur Modellbildung beitragen oder mittels (bzw. über) Modelle formuliert sein. Mit der Arbeit an den Modellen werden dann gleichfalls Konsequenzen aus der Hypothese abgeleitet und Folgerungen theoretisch weiter ausgearbeitet. Bei der Übertragung von Erkenntnissen über das Modell in die Praxis unterliegen hypothetische Ansätze gleichfalls einer Überprüfung.

4. Gedankenexperimente sind eine wesentliche Form der Arbeit mit ideellen Modellen. Sie stellen ein eigen-

ständiges, relativ selbständiges Mittel theoretischen Arbeitens dar oder dienen der Vorbereitung von realen Experimenten.

5. Bei der Arbeit mit den ideellen Modellen werden Züge des Modells im Gedankenexperiment, bei der Ableitung der mathematisch-logischen Konsequenzen u. a. theoretisch überprüft, die keine Entsprechung in der objektiven Realität haben, die konstruiert, entworfen wurden.

6. Theoretische Vorstellungen, darunter auch die entworfenen Züge der Modelle finden ihre wirkliche Bestätigung jedoch erst in einem unter Umständen historisch langwierigen Prozeß der Überprüfung unserer Erkenntnisse in der Praxis. Dort zeigt sich, ob die theoretischen Vorstellungen die Eigenschaften und Beziehungen wirklicher oder möglicher objektiv-realer Erscheinungen relativ adäquat widerspiegeln. Dabei spielt neben dem Aspekt der Gewinnung tieferer Erkenntnis über die Erscheinungen die immer bessere Beherrschung der uns umgebenden Welt auf der Grundlage gewonnener Erkenntnisse eine entscheidende Rolle.

7. Ideelle Modelle können in bezug auf Theorien unterschiedliche Funktionen besitzen. Im Theorienbildungsprozeß sind sie in der Regel (wenn nicht zwei Theorien miteinander verglichen werden) von Theorien nicht nur der Funktion nach zu unterscheiden, sondern auch, ob in ihnen bereits erkannte Gesetze in einem relativ abgeschlossenen und vollständigem System des Wissens und den entsprechenden Bedingungen widergespiegelt werden.

8. Bei der Modellbildung werden in engem Zusammenhang mit Idealisierungen und anderen Abstraktionen Reduktionen vorgenommen. Dabei entscheidet sich im wissenschaftlichen Forschungsprozeß, ob die durchgeführten Reduktionen tatsächlich wissenschaftlich berechtigt waren.

Die Autorin ist sich bewußt, daß in einer solchen Arbeit durchaus nicht alle Probleme bis zu Ende durchleuchtet und alle Fragen erschöpfend beantwortet werden konnten. Es ist vielmehr eine Aufgabe weiterer Forschungen und Diskussionen, die vorliegenden Aussagen anhand des konkreten Materials aus anderen Zweigen der Physik, aus deren Geschichte und den neuen Entwicklungen bezüglich der Methoden und Theorien der Physik weiter zu präzisieren.

Es muß gleichfalls anhand von Materialien aus anderen Wissenschaften überprüft werden, inwieweit die hier gewonnenen Erkenntnisse über die Rolle und Funktion ideeller Modelle in Theorienbildungsprozessen für andere Wissenschaften anwendbar sind.

Mit dem hier vertretenen Standpunkt zur Anwendung mathematischer Strukturen im Zusammenhang mit der Modell- und Theorienbildung sowie der Verwendung von Gedankenexperimenten sollen Überlegungen zum Prozeß der Mathematisierung der Wissenschaften angeregt werden. Die Mathematisierung der Wissenschaften wird in den nächsten Jahren weiter in den Vordergrund der Untersuchungen zu erkenntnistheoretisch-methodologischen Problemen der Wissenschaften rücken. In diesem Zusammenhang ist es gleichfalls notwendig, die Beziehungen zwischen mathematischen Hypothesen und mathematisierten Modellen der Einzelwissenschaften tiefer zu analysieren.

Im Zusammenhang mit der Modellbildung erscheint es unerläßlich, die Frage nach der Wahrheit unserer Erkenntnisse noch stärker mit der relativ adäquaten Widerspiegelung der untersuchten Erscheinungen durch theoretische Vorstellungen zu verbinden und nachzuweisen wie wirklich gesichertes Wissen entsteht.

Anmerkungen

Zu Kapitel 1

1 W. I. LENIN, Konspekt zu HEGELS „Wissenschaft der Logik". In: W. I. Lenin, Werke (im folgenden Werke), Bd. 38, Berlin 1964, S. 172.

Der im weiteren dargelegte Standpunkt stützt sich gleichfalls auf Ergebnisse der marxistisch-leninistischen Widerspiegelungstheorie (vgl. z. B. T. PAWLOW, Die Widerspiegelungstheorie, VEB Deutscher Verlag der Wissenschaften, Berlin 1973 und P. FRANZ; M. JANKOW, Information contra Materialismus? Akademie-Verlag, Berlin 1977, S. 22 ff.).

2 Beispielsweise werden im Buch von D. WITTICH; K. GÖSSLER und K. WAGNER „Marxistisch-leninistische Erkenntnistheorie" (VEB Deutscher Verlag der Wissenschaften, Berlin 1978) auch naturwissenschaftliche Grundlagen als eine Voraussetzung der tieferen Erfassung des Erkenntnisprozesses behandelt, wobei neuere Ergebnisse nicht genügend Berücksichtigung finden. Bei der Diskussion des Problemkreises: Aufsteigen der Erkenntnis zum geistig reproduzierten Konkreten werden die naturwissenschaftlichen Grundlagen jedoch nicht in den Zusammenhang der erkenntnistheoretisch relevanten Aspekte eingebracht. Der Prozeß des Aufsteigens zum geistig reproduzierten Konkreten erscheint losgelöst von seinen natürlichen Grundlagen, der angelegte Totalitätsbegriff wird nicht genügend im Zusammenhang untersetzt und erläutert (vgl. S. 202 ff, S. 209). Mit Verwunderung konstatiert man dann, daß der Mensch *trotz* der ihm „unmittelbar entgegentretenden Totalität" (der zu einem gegebenen Zeitpunkt in Natur, Gesellschaft oder Denken vorliegenden, sich verändernden bzw. entwickelnden Gesamtheit wesentlicher und unwesentlicher, notwendiger und zufälliger Erscheinungen, ihrer Eigen-

schaften und Beziehungen) überhaupt fähig ist, zu abstrahieren, zur geistigen Reproduktion der wesentlichen Eigenschaften und Beziehungen zu gelangen.

3 F. Klix, Was leistet die Psychologie? In: spectrum 7/1980, S. 11. Zu diesen Fragen siehe auch: F. Klix, Information und Verhalten, VEB Deutscher Verlag der Wissenschaften, Berlin 1976; derselbe, Erwachendes Denken, VEB Deutscher Verlag der Wissenschaften, Berlin 1980; J. Erpenbeck, Psychologie und Erkenntnistheorie, Akademie-Verlag, Berlin 1980.

4 Zur Gesetzesauffassung, die hier vertreten wird, vgl. die zusammenfassende Darstellung z. B. in: J. Erpenbeck; H. Hörz, Philosophie contra Naturwissenschaft?, VEB Deutscher Verlag der Wissenschaften, Berlin 1977.

5 Vgl. D. Wittich; K. Gössler; K. Wagner, Marxistisch-leninistische Erkenntnistheorie, a. a. O., S. 209.

6 W. I. Lenin, Konspekt zu Hegels „Vorlesungen über die Geschichte der Philosophie". In: Werke, Bd. 38, a. a. O., S. 267.

7 Vgl. z. B. V. A. Štoff, Modellierung und Philosophie, Akademie-Verlag, Berlin 1969; P. V. Kopnin, Dialektik — Logik — Erkenntnistheorie, Akademie-Verlag, Berlin 1970; A. B. Славин, Проблема возникновения нового знания, „Наука", Москва 1976; В. С. Степин, Становление научной теории, изд. БГУ, Минск 1976; Г. И. Рузавин, Научная теория. Логико-методологический анализ, „Мысль", Москва 1978.

8 Siehe z. B. G. I. Ruzavin, Die Natur der mathematischen Erkenntnis, Akademie-Verlag, Berlin 1977.

9 „Vereinfachung", „Vergröberung" ist hier im übertragenen Sinne gemeint. Es sei darauf hingewiesen, daß jeder konkrete Erkenntnisprozeß stets auf gewisse, historische, soziale und den Gegenstand der Erkenntnis betreffende Grenzen trifft, die im weiteren Prozeß der Erkenntnis u. U. aufgehoben werden können. Vgl. dazu D. Wittich; K. Gössler; K. Wagner, Marxistisch-leninistische Erkenntnistheorie, a. a. O.

10 Diesen Aspekt menschlicher Erkenntnis hervorzuheben, hat insbesondere H. Ley immer wieder angeregt. Siehe z. B. H. Ley, Der Begriff des Modells in der Biologie. In: Deutsche Zeitschrift für Philosophie 16 (1968) 1.

11 Siehe Schlußbemerkungen.

12 W. I. LENIN, Konspekt zu Hegels „Wissenschaft der Logik". In: Werke, Bd. 38, a. a. O., S. 160.

13 Siehe z. B. B. PEGEL, Empirische Modellbildung und Versuchsplanung, Beiträge zur Forschungstechnologie, Heft 7, Akademie-Verlag, Berlin 1980.

14 Vgl. H.-J. BITTRICH, Probleme bei der physikalisch-chemischen Modellierung mehrparametriger Systeme. In: Sitzungsberichte der Akademie der Wissenschaften der DDR, 1 N 1977, Akademie-Verlag, Berlin 1977.

15 Von „Modellen" spricht man nicht nur im wissenschaftlich-technischen, sondern auch im künstlerischen Bereich und im Alltagsleben. Da damit zahlreiche Fragen verbunden sind, die über die zu behandelnde Thematik hinausgehen (z. B. Fragen der künstlerischen Widerspiegelung), soll hier darauf nicht weiter eingegangen werden. Zu Fragen der künstlerischen Widerspiegelung siehe: J. ERPENBECK, Was kann Kunst? Mitteldeutscher Verlag, Halle—Leipzig 1979.

16 Vgl. z. B. V. A. ŠTOFF, Modellierung und Philosophie, a. a. O.; in den meisten Modelldefinitionen allgemeinen Charakters wird als Ziel der Modellierung die Informations- bzw. Erkenntnisgewinnung hervorgehoben. In der Praxis sind die Zielstellungen jedoch weitaus breiter. Bei der Modellbildung kommt es darauf an, ein Modell zu schaffen, das dem Original nicht unbedingt in möglichst vielen Aspekten ähnlich ist, sondern das dem angestrebten Modellierungszweck (-ziel) adäquat ist.

17 Ein Beispiel, wie sehr Modellbildungen auch auf die bessere Beherrschbarkeit von Objekten bzw. Prozessen gerichtet sind, stellen zahlreiche „globale" Modelle der ökonomischen Entwicklung der Menschheit, ihrer Wechselbeziehungen mit der natürlichen Umwelt usw. dar. Dabei wird hier unter Welt- bzw. globalen Modellen in Vorgriff auf die unten angegebene allgemeinere Modelldefinition die ideelle Reproduktion möglicher oder wirklicher, umfassender kosmischer oder irdischer Objekte, Prozesse, Eigenschaften und Funktionen mittels Analogien im weitesten Sinne oder das Nutzen solcher Analogien in anderen Systemen verstanden (siehe N. HAGER, Weltanschauung — Weltbild — Weltmodell. In: Urania 6/1980, S. 13). Zu Fragen der globalen Modellierung — wobei sie Gegenstand heftiger ideologischer Auseinandersetzungen ist, wenn es um die welt-

anschaulichen, philosophischen und ökonomischen Voraussetzungen bzw. Folgerungen aus den Modellen geht — existiert eine Fülle von Literatur. Siehe z. B. Д. М. Гвишиани, Методологические проблемы моделирования глобального развития. В: Вопросы Философии 32 (1978) 2; Методология системного анализа, ВНИИ системных исследований, Москва 1978, вып. 6; И. Б. Новик, Новый тип модельного познания. В: Вопросы Философии 34 (1980) 7.

Zur philosophischen Auseinandersetzung mit bestimmten Konzeptionen vgl. die mit dem „Club o Rome" beispielsweise bei H. Hörz, Mensch contra Materie?, VEB Deutscher Verlag der Wissenschaften, Berlin 1976, S. 16 ff., aber insbesondere die zusammenfassende Darstellung der Auseinandersetzung mit dem „Club of Rome" sowie der marxistischen Diskussion in der UdSSR, in: А. В. Кацура; И. Б. Новик, Методологические проблемы экологии. В: Философские вопросы естествознания, ч. II, изд. АН СССР, Москва 1976; vgl. auch H. Paucke; H. Kroske, Weltmodelle — neue Konvergenzvarianten zum Umweltproblem. In: Deutsche Zeitschrift für Philosophie 23 (1975) 7.

18 Vgl. z. B. K. Bernstein, Erkenntnistheoretisch-methodologische Probleme der Modellmethode unter Berücksichtigung ihrer Funktion in der physikalischen Forschung, Dissertation (A), Technische Hochschule Karl-Marx-Stadt 1969, 138 gez. Seiten.

19 P. Ruben kennzeichnet in seinem Beitrag „Dialektik und Analytik in der Naturforschung" (In: Struktur und Prozeß, Hrsg. K.-F. Wessel, VEB Deutscher Verlag der Wissenschaften, Berlin 1977) die Dialektik als Methode des philosophischen Erkennens und Analytik (auch analytische Methode) als Methode fachwissenschaftlicher Naturforschung (ebenda, S. 317). Was versteht er aber unter analytischer Methode? Für Ruben stellt sie jenes Vorgehen dar, „das in der wissenschaftlichen Erkenntnis stets realisiert wird, wenn mittels *Zählung* und *Messung* Feststellungen über die Beschaffenheit natürlicher Sachverhalte getroffen werden. Die sprachlichen Ausdrücke der Analytik nennen wir ‚analytische Sätze'" (ebenda). 1. Existieren in der marxistisch-leninistischen philosophischen Literatur umfangreiche und detailierte Arbeiten über die experimentielle u. a. Methoden (hier sei nur auf das Buch von H. Parthey und D. Wahl

verwiesen: H. PARTHEY und D. WAHL, Die experimentielle Methode in Natur- und Gesellschaftswissenschaften, VEB Deutscher Verlag der Wissenschaften, Berlin 1966; vgl. auch Kapitel 4), die eindeutig zeigen, daß mit der RUBENschen Auffassung lediglich Aspekte *einer* Methode erfaßt werden. 2. Werden Methoden der theoretischen Forschung durch ihn nicht berücksichtigt. 3. Führt ein solches Vorgehen zum philosophischen Reduktionismus, indem das Ensemble wissenschaftlicher Methoden der Naturwissenschaften auf einen Teilaspekt reduziert und dieser verabsolutiert wird und ist damit kein konsequent dialektisch-materialistisches Vorgehen mehr.

20 Geschichte der marxistischen Dialektik. Von der Entstehung des Marxismus bis zur Leninschen Etappe, Dietz-Verlag, Berlin 1974, S. 231.

21 Vgl. H. ОВЧИННИКОВ, Методология науки: Проблемы теоретизации знания. В.: Природа 67 (1978) 3.

22 Siehe H. HÖRZ, Optimismus ohne Illusion, Forum-Gespräch mit Professor HERBERT HÖRZ. In: Forum 34 (1980) 7.

23 Vgl. W. STJOPIN, Methodologie des Aufbaus der physikalischen Theorie. In: Gesellschaftswissenschaften 28 (1975) 4.

24 H. HÖRZ, Modelle in der wissenschaftlichen Erkenntnis. In: Sitzungsberichte der Akademie der Wissenschaften der DDR, 11 G 1978, Akademie-Verlag, Berlin 1978, S. 4.

25 Vgl. N. HAGER; H. HÖRZ, Modell und Modellbildung in der wissenschaftlichen Erkenntnis. In: Deutsche Zeitschrift für Philosophie 25 (1977) 2.

26 Vgl. H. HÖRZ, Experiment — Modell — Theorie. In: Deutsche Zeitschrift für Philosophie 23 (1975) 7, S. 892.

27 Ohne eine Untersuchung dieser Beziehungen *in einzelnen* Wissenschaften scheint dem Verfasser die weitere Präzisierung und Ausarbeitung der marxistisch-leninistischen Erkenntnistheorie *nicht* möglich.

28 Wie breit das Interesse in verschiedensten Wissenschaften zu Fragen der Modellierung ist, davon zeugen beispielsweise Veröffentlichungen wie: Mathematische Modellierung von Lebensprozessen, Akademie-Verlag, Berlin 1972; Mathematische Modellbildung in Naturwissenschaft und Technik, Hrsg. F. KLIX u. a., Akademie-Verlag, Berlin 1976; M. PESCHEL, Modellbildung für Signale und Systeme, VEB Verlag der Technik, Berlin 1978; P. N. BUSLENKO, Modellierung komplizierter Systeme, Verlag die Wirtschaft, Berlin 1972;

G. ASSER, Formalisierung, Modellierung und Mathematisierung aus der Sicht der mathematischen Grundlagenforschung. In: Streitbarer Materialismus und gegenwärtige Naturwissenschaft, Hrsg. M. BUHR, Akademie-Verlag, Berlin 1974; Б. В. БИРЮКОВ, Кибернетика и методология науки, „Наука", Москва 1974.

Zu Kapitel 2

1 F. ENGELS, Dialektik der Natur. In: K. Marx/F. Engels, Werke (im folgenden MEW), Bd. 20, Berlin 1962, S. 469.
2 Diese Auseinandersetzung diskutiert U. RÖSEBERG ausführlich in: U. RÖSEBERG, Philosophischer Atomismus und moderne Hochenergiephysik, Dresdener Seminar für theoretische Physik, Sitzungsberichte, Dresden 1980.
3 ARISTOTELES, Metaphysik 1, 4, 985 b 4 ff., zitiert nach: Griechische Atomisten, Verlag Philipp Reclam jun. Leipzig 1973, S. 129/130.
4 AETIUS 2, 3, 2, zitiert nach: Griechische Atomisten, a. a. O., S. 149.
5 Vgl. z. B. CICERO, Lehren der Akademie 2, 55. In: Griechische Atomisten, a. a. O., S. 152.
6 F. ENGELS, Dialektik der Natur. In: MEW, Bd. 20, a. a. O., S. 331.
7 H. HÖRZ, Zufall — Eine philosophische Untersuchung, Akademie-Verlag, Berlin 1980.
8 Vgl. U. RÖSEBERG, Philosophischer Atomismus und moderne Hochenergiephysik, a. a. O.
9 Zum Wirken G. GALILEIS, siehe z. B. B. G. KUZNECOV, Von Galilei bis Einstein, Akademie-Verlag, Berlin 1970.
10 Zitiert nach F. RENOIRTE; A. MERCIER, Philosophie und exakte Wissenschaften, Benziger Verlag, Einsiedel—Zürich—Köln 1955, S. 174/175.
11 F. ENGELS, Dialektik der Natur. In: MEW, Bd. 20, a. a. O., S. 354.
12 W. SCHREIER, Der Strukturwandel in der Elektrodynamik und Optik bis zur Maxwellschen Feldtheorie im Spiegel der Leninschen philosophischen Interpretation. In: NTM-Schriftenreihe für Geschichte der Naturwissenschaften, Technik und Medizin, Leipzig, 7 (1970) 2, S. 33/34.
13 Vgl. U. RÖSEBERG, Quantenmechanik und Philosophie, Akademie-Verlag, Berlin 1978.

14 Vgl. Dokumente der Naturwissenschaft, Abteilung Physik, Bd. 5: N. BOHR, Das Bohrsche Atommodell, 1964, S. 28 bis 29.
15 Vgl. U. RÖSEBERG, Quantenmechanik und Philosophie, a. a. O., S. 56 ff.
16 Zur Geschichte der Atommodelle siehe z. B. folgende Arbeiten: Б. И. СПАССКИЙ, Исотрия физики, т. II, „Высшая школа", Москва 1977, стр. 226 и следующие; U. RÖSEBERG, Quantenmechanik und Philosophie, a. a. O., S. 55 bis 65; M. v. LAUE, Geschichte der Physik, Ullstein-Verlag, Frankfurt/M. 1959, S. 108—120; W. FINKELNBURG, Einführung in die Atomphysik, Springer-Verlag, Berlin—Heidelberg—New-York 1967; GRIMSEHL, Lehrbuch der Physik, Vierter Band, B. G. Teubner Verlagsgesellschaft, Leipzig 1968, S. 264—270 (siehe auch S. 271 ff.).
17 Л. ЛАНДАУ; Я. СМОРОДИНСКИЙ, Лекции по теории атомного ядра, гос. изд. техн.-теорет. лит., Моска 1955, стр. 45.
18 W. A. WENIKOW, Modellierung in der Technik. In: Wissenschaft und Menschheit 1968, Urania Verlag, Leipzig—Jena—Berlin 1968.
19 Ebenda, S. 380.
20 H. HÖRZ, Philosophische Probleme der Modellierung (Teil I). In: messen — steuern — regeln 20 (1977) 9, S. 488.
21 Vgl. G. KLAUS, Kybernetik aus philosophischer Sicht, Dietz-Verlag, Berlin 1961, S. 246.
22 Vgl. А. И. УЁМОВ, Логические основы метода моделирования, „Мысль", Москва 1971.
23 Vgl. H. HÖRZ, Philosophische Probleme der Modellierung, a. a. O., S. 488.
24 Die Meinungen darüber, wie der Grad der Wahrscheinlichkeit des Analogieschlusses erhöht werden kann, differieren in gewisser Hinsicht. Vgl. deshalb beispielsweise: Stichwort Analogie. In: Wörterbuch Philosophie und Naturwissenschaften, Hrsg. H. HÖRZ; R. LÖTHER; S. WOLLGAST, Dietz-Verlag, Berlin 1978, S. 42; В. А. ШТОФФ, Проблемы методология научного познания, „Высшая школа", Москва 1978, стр. 184.
25 J. CL. MAXWELL, Über Faradays Kraftlinien, Ostwalds Klassiker Bd. 69, W. Engelmann, Leipzig 1895, S. 4.
26 Vgl. z. B. S. F. MASON, Geschichte der Naturwissenschaft, Alfred Kröner Verlag, Stuttgart 1974, S. 186 ff. Z. B. dis-

kutiert GALILEI den Unterschied zwischen „mathematischen" und „physikalischen" Kugeln beim Berühren einer Ebene und die Möglichkeit der Benutzung der Mathematik zur Naturbeschreibung.

27 D'ALEMBERT, Einleitung zur Enzyklopädie von 1751, Verlag Felix Meiner, Hamburg 1955, S. 33 ff.

28 L. BOLTZMANN, Populäre Schriften, Eingeleitet und ausgewählt von E. BRODA, Friedr. Vieweg & Sohn, Braunschweig/Wiesbaden 1979, S. 145.

29 W. I. LENIN, Konspekt zu Hegels „Vorlesungen über die Geschichte der Philosophie". In: Werke, Bd. 38, Berlin 1964, S. 246.

30 Vgl. V. A. ŠTOFF, Modellierung und Philosophie, Akademie Verlag, Berlin 1969, S. 178/179.

31 Vgl. ebenda.

32 Vgl. beispielsweise das Stichwort Abstraktion. In: Wörterbuch Philosophie und Naturwissenschaften, a. a. O. S. 10.

33 Vgl. z. B. F. GEHLHAR, Relativität und Dialektik. In: Deutsche Zeitschrift für Philosophie 27 (1979) 2; Принцип симметрии, „Наука", Москва 1978.

34 G. I. RUZAVIN, Die Natur der mathematischen Erkenntnis, Akademie-Verlag, Berlin 1977, S. 33.

35 V. A. ŠTOFF, Modellierung und Philosophie, a. a. O., S. 185.

36 Vgl. z. B. V. A. ŠTOFF, Modellierung und Philosophie, a. a. O.

37 Vgl. A. A. ГОРЕЛОВ; Н. М. МАМЕДОВ; И. Б. НОВИК, Философские вопросы моделирования. В: Философские вопросы естествознания, ч. II, изд. АН СССР, Москва 1976.

38 V. A. ŠTOFF, Modellierung und Philosophie, a. a. O., S. 32.

39 Vgl. К. Е. МОРОЗОВ, Математическое моделирование в научном познании, „Мысль", Москва 1969, стр. 39.

40 Vgl. ebenda, S. 40.

41 P. RUBEN; H. WOLTER, Modellmethode und Wirklichkeit. In: Deutsche Zeitschrift für Philosophie 17 (1969) 10, S. 1229.

42 Zum Problem der Homomorphie und der Isomorphie siehe beispielsweise: Philosophisches Wörterbuch, Hrsg. M. BUHR und G. KLAUS, VEB Bibliographisches Institut, Leipzig 1974, S. 525 bzw. 588.

43 Vgl. K. D. WÜSTNECK, Zur philosophischen Verallgemeinerung und Bestimmung des Modellbegriffes. In: Deutsche Zeitschrift für Philosophie 11 (1962) 12, S. 1515.

44 Siehe K. D. WÜSTNECK, Einige Gesetzmäßigkeiten und Kategorien der wissenschaftlichen Modellmethode. In: Deutsche Zeitschrift für Philosophie 14 (1966) 12.

45 Vgl. K. F. BONHOEFFER, Über physikalisch-chemische Modelle von Lebensvorgängen. In: Studium Generale 1 (1948) 3, S. 137.

46 Bezüglich der Klassifikation von Modellen sei hier auf folgende Arbeiten verwiesen: V. A. ŠTOFF, Modellierung und Philosophie, a. a. O.; Wörterbuch der Kybernetik, Hrsg. G. KLAUS und H. LIEBSCHER, Dietz-Verlag, Berlin 1976; R. KRANHOLD, Erkenntnistheoretische Aspekte von Modellen. In: Widerspiegelung – Erkenntnis – Modell – Messung, Rostocker Philosophische Manuskripte, Heft 15, Wilhelm-Pieck-Universität Rostock 1976; H. STACHOWIAK, Allgemeine Modelltheorie, Springer-Verlag, Wien–New-York 1973.

47 Vgl. dazu die Ausführungen in Kapitel 5.

48 W. I. LENIN, Konspekt zu Hegels „Wissenschaft der Logik". In: Werke, Bd. 38. a. a. O., S. 203/204.

49 Vgl. W. A. WENIKOW, Modellierung in der Technik, a. a. O., S. 378.

50 H. HÖRZ, Philosophische Probleme der Modellierung (Teil II). In: messen – steuern – regeln 20 (1977), 11, S. 616.

51 Vgl. С. И. ВАВИЛОВ, Собрание сочинений, т. 3, „Акад.", Москва 1956, стр. 156.

52 Vgl. dazu H. HÖRZ, Philosophische Probleme der Modellierung, a. a. O.

53 Vgl. В. А. ШТОФФ, Проблемы методологии научного познания, a. a. O., S. 225ff.

54 Vgl. zur Begriffsbildung z. B. F. KLIX, Information und Verhalten, VEB Deutscher Verlag der Wissenschaften, Berlin 1976, S. 536 ff; ebenda, S. 22; J. ERPENBECK, Psychologie und Erkenntnistheorie, Akademie-Verlag, Berlin 1980, S. 80ff.

55 Vgl. D.-E. LIEBSCHER, Theoretische Physik, Akademie-Verlag, Berlin 1973, S. 65.

56 W. WESTPHAL, Physikalisches Wörterbuch, Springer-Verlag, Berlin–Göttingen–Heidelberg 1952, Teil II, S. 65.

57 P. JORDAN, Die Physik des 20. Jahrhunderts, Vieweg & Sohn, Braunschweig 1949, S. 23.

58 W. I. LENIN, Materialismus und Empiriokritizismus. In: Werke, Bd. 14, Berlin 1962, S. 101.

59 W. Westphal, Die Physik und die Physiker. In: Physikalische Blätter 28 (1972) 3, S. 123.

60 W. Westphal, Physik, Springer-Verlag, Berlin—Göttingen—Heidelberg 1956, S. 42.

61 Vgl. W. I. Lenin, Materialismus und Empiriokritizismus. In: Werke, Bd. 14, a. a. O., S. 122.

62 Die Gleichheit bestimmter mathematischer Beziehungen, die zur Bescheibung unterschiedlicher Strukturniveaus der Materie verwendet werden konnten, führten Poincaré unter anderem zu der Schlußfolgerung: „Die Differentialgleichungen sind immer richtig; man kann sie durch dasselbe Verfahren integrieren, und die Resultate behalten stets ihren vollen Wert.

Man erwidere nicht, daß wir auf diese Weise die physikalischen Theorien zur Rolle einfacher, praktischer Regeln erniedrigen; die genannten Gleichungen drücken Beziehungen aus, und sie bleiben richtig, solange diese Beziehungen der Wirklichkeit entsprechen. Sie lehren uns vorher wie nachher, daß eine gewisse Beziehung zwischen irgendeinem Etwas und irgendeinem anderen Etwas besteht; nur daß dieses Etwas früher Bewegung genannt wurde und jetzt *elektrischer Strom* heißt. Aber diese Benennungen waren nichts als Bilder, die wir an die Stelle der wirklichen Objekte gesetzt haben, und diese wirklichen Objekte wird die Natur uns ewig verbergen; die wahren Beziehungen zwischen diesen wirklichen Objekten sind das einzige Tatsächliche, welches wir erreichen können, und die einzige Bedingung ist, daß dieselben Beziehungen, welche sich zwischen diesen Objekten befinden, sich auch zwischen den Bildern befinden, welche wir gezwungenermaßen an die Stelle der Objekte setzen. Wenn diese Beziehungen uns bekannt sind, so macht es nichts aus, ob wir es für bequemer halten, ein Bild durch ein anderes zu ersetzen." (H. Poincaré, Wissenschaft und Hypothese, Teubner Verlag, Leipzig 1906, S. 162.) Bei diesem Standpunkt ergibt sich folgerichtig, da die Beziehungen zwischen den Objekten das wesentliche sind, die Modelle dieser Objekte eben bloße Hilfsmittel, leere, auswechselbare Bilder sind. Deren konkreter Inhalt interessiert nicht, da die Objekte, an deren Stelle sie stehen, „die Natur uns ewig verbergen" wird. Von derartigen Folgerungen ist es ein kleiner Schritt zu den Auffassungen, daß den Modellen jeglicher Wahrheitsgehalt abgesprochen werden muß (KIRCHHOFF), die Modelle lediglich unter dem Gesichtspunkt der Zweckmäßigkeit oder Gedankenökonomie (MACH) angesehen werden.

63 Vgl. F. RENOIRTE; A. MERCIER, Philosophie der exakten Wissenschaften, a. a. O., S. 174 ff.

64 M. BORN, Physik im Wandel meiner Zeit, Vieweg & Sohn, Braunschweig—Akademie-Verlag, Berlin 1957, S. 51.

65 Siehe dazu K. BERNSTEIN, Erkenntnistheoretisch-methodologische Probleme der Modellmethode unter Berücksichtigung ihrer Funktion in der physikalischen Forschung, Dissertation (A), Technische Hochschule Karl-Marx-Stadt 1969, 138 gez. Seiten.

66 Vgl. Wörterbuch der Kybernetik, a. a. O., S. 490 ff.

67 Ausführlicher wird dies ausgeführt in: K. D. WÜSTNECK, Einige Gesetzmäßigkeiten und Kategorien der wissenschaftlichen Modellmethode. In: Deutsche Zeitschrift für Philosophie 14 (1966) 12; siehe auch Philosophisches Wörterbuch, a. a. O., S. 810.

68 Vgl. M. H. БУСЛОВА, Моделирование в процессе познания. (На материалах химии), ,,Наука и Техника'', Минск 1975, стр. 118.

69 Vgl. A. ТУРСУНОВ, Философия и современная космология, ,,Политиздат'', Москва 1977, стр. 71/72.

70 Vgl. ebenda, S. 72.

71 Vgl. N. HAGER; H. HÖRZ, Modell und Modellbildung in der wissenschaftlichen Erkenntnis. In: Deutsche Zeitschrift für Philosophie 25 (1977) 2.

72 Vgl. beispielsweise G. FRITSCH, Methodik des naturwissenschaftlichen Denkens. In: Physik — Gestern. Heute. Morgen, Moos-Verlag, München 1971, S. 28 ff.

73 Vgl. N. HAGER; H. HÖRZ, Modell und Modellbildung in der wissenschaftlichen Erkenntnis, a. a. O.; N. HAGER Stufen der Modellbildung. In: Experiment — Modell — Theorie, VEB Deutscher Verlag der Wissenschaften, Berlin 1982.

Zu Kapitel 3

1 Vgl. CH. KITTEL, Einführung in die Festkörperphysik, Akademische Verlagsgesellschaft Geest & Portig, Leipzig 1973, S. 18—19.

2 Vgl. F. RICHTER; H. WENDT, Philosophische Probleme

der Kristallographie. In: Naturforschung und Weltbild, VEB Deutscher Verlag der Wissenschaften, Berlin 1964.

3 Vgl. M. V. LOMONOSSOW, Ausgewählte Schriften in zwei Bänden, Bd. I, Akademie-Verlag, Berlin 1961, S. 66.

4 Vgl. ebenda, S. 312.

5 S. GÜNTHER, Geschichte der anorganischen Naturwissenschaften im Neunzehnten Jahrhundert, Verlag Bondi, Berlin 1901, S. 131.

6 Vgl. CH. KITTEL, Einführung in die Festkörperphysik, a. a. O., S. 19/20.

7 Vgl. M. VON LAUE, Geschichte der Physik, Ullstein Verlag, Berlin (West) 1959, S. 132.

8 Vgl. S. GÜNTHER, Geschichte der anorganischen Naturwissenschaften im Neunzehnten Jahrhundert, a. a. O., S. 141.

9 Vgl. G. E. R. SCHULZE, Metallphysik, Akademie-Verlag, Berlin 1974, S. 12.

10 Vgl. ebenda, S. 14ff.

11 Vgl. PH. B. ALLEN; W. H. BUTLER, Electrical conduction in metals. In: Physics today, December 1978, S. 44–49.

12 Vgl. G. LEHMANN, Elektronenstruktur von reinen und kompakten Metallen, Metallegierungen und dünnen Metallschichten. In: Festkörperphysik, Akademische Verlagsgesellschaft Geest & Portig, Leipzig 1979, S. 101.

13 W. FINKELNBURG, Einführung in die Atomphysik, Springer-Verlag, Berlin (West)—Heidelberg—New-York, S. 4.

Zu Kapitel 4

1 В. С. СТЕПИН, Становление научной теории, изд. БГУ, Минск 1976.

2 И. В. КУЗНЕЦОВ, Избранные труды по методологии физики, „Наука", Москва 1975.

3 H. HÖRZ, Experiment — Modell — Theorie. In: Deutsche Zeitschrift für Philosophie 26 (1978) 7, S. 892.

4 K. MARX, Einleitung (zur Kritik der Politischen Ökonomie). In: K. MARX; F. ENGELS, Werke (im folgenden MEW), Bd. 13, Dietz Verlag, Berlin 1964, S. 632.

5 S. L. RUBINSTEIN, Sein und Bewußtsein, Akademie-Verlag, Berlin 1973, S. 106.

6 Ebenda, S. 111.

7 H. HÖRZ, Marxistische Philosophie und Naturwissenschaften, Akademie-Verlag, Berlin 1974.

8 K. MARX, Einleitung (zur Kritik der Politischen Ökonomie). In: MEW, Bd. 13, a. a. O., S. 632.

9 Vgl. H. HÖRZ, Experiment — Modell — Theorie, a. a. O., S. 891/892, aber insbesondere auch H. PARTHEY; D. WAHL. Die experimentielle Methode in Natur und Gesellschaftswissenschaften, VEB Deutscher Verlag der Wissenschaften, Berlin 1966; zu philosophischen Problemen der experimentellen Methode äußern sich beispielsweise auch M. A. ХРАМОВИЧ, Научный эксперимент, его место и роль в познании, изд. БГУ, Минск 1972, П. Е. Сивоконъ, О происхождение и философском значение естественнонаучного эксперимента, изд. МГУ, Москва 1962; В. А. ХРАМОВА, Философский анализ проблема соотношения теории и эксперимента в релятивистской физике, „Наукова думка", Киев 1974, В. В. Быков, Методы науки, „Наука", Москва 1974.

10 G. HÄRTLER, Versuchsplanung und statistische Datenanalyse, Akademie-Verlag, Berlin 1976, S. 15.

11 Vgl. B. PEGEL, Empirische Modellbildung und Versuchsplanung, Beiträge zur Forschungstechnologie Heft 7, Akademie-Verlag, Berlin 1980.

12 Vgl. dazu E. A. MAMČUR, Über den Status entscheidender Experimente in der Wissenschaft. In: Experiment — Modell — Theorie, Materialien des Zentralinstituts für Philosophie der Akademie der Wissenschaften der DDR, Berlin 1977, S. 53—62.

13 Eine gute Übersicht über die Entwicklung der Quantenmechanik, die damit im Zusammenhang geführten Diskussionen um die philosophische Deutung der neuen Theorie, gibt U. RÖSEBERG, Quantenmechanik und Philosophie, Akademie-Verlag, Berlin 1978, insbesondere Kapitel 4. Weitere Literaturangaben siehe ebenda.

14 Vgl. F. KASCHLUHN, Interpretation und Meßprozeß in der Quantenmechanik. In: 75 Jahre Quantentheorie, Akademie-Verlag, Berlin 1977, S. 69—80.

15 H. HÖRZ, Marxistische Philosophie und Naturwissenschaften, a. a. O., S. 233.

16 Dieser Abschnitt stellt z. T. eine Weiterführung der Gedanken dar, die die Autorin im Artikel N. HAGER, Zur Rolle des Gedankenexperiments in der physikalischen Erkenntnis. In: Deutsche Zeitschrift für Philosophie, 27 (1979) 2, ausgeführt hat.

17 EINSTEINS Äußerung wird zitiert in A. MOSZKOWSKI, Einstein, Einblicke in seine Gedankenwelt, Hoffmann & Campe, Hamburg; Fontane, Berlin 1921, S. 121.
18 Vgl. A. EINSTEIN; L. INFELD, Evolution der Physik, Rowohlt-Verlag, Hamburg 1956, S. 12 und S. 38.
19 Vgl. V. A. ŠTOFF, Modellierung und Philosophie, Akademie-Verlag, Berlin 1969, S. 238.
20 A. EINSTEIN; L. INFELD, Evolution der Physik, a. a. O., S. 60.
21 Hier sei erneut auf die Problematik des Meßprozesses der Quantenmechanik hingewiesen, die diese Aspekte für einen weiten Bereich der Physik weiterhin zur Diskussion stellt!
22 А. В. СЛАВИН, Проблема возникновения нового знания, „Наука", Москва 1976, стр. 262/263.
23 L. BOLTZMANN, Populäre Schriften, Eingeleitet und ausgewählt von E. BRODA, Friedr. Vieweg & Sohn, Braunschweig—Wiesbaden 1979, S. 145.
24 F. MASON, Geschichte der Naturwissenschaft, Alfred Kröner Verlag, Stuttgart 1974, S. 64.
25 M. VON LAUE, Geschichte der Physik, Ullstein-Verlag, Berlin (West), 1959, S. 92/93.
26 E. MACH, Erkenntnis und Irrtum, Verlag Johann Ambrosius Barth, Leipzig 1917, S. 187. Mit MACHS Auffassungen zum Gedankenexperiment hat sich u. a. B. C. МЕСКОВ auseinandergesetzt. В. С. МЕСКОВ, Мысленный эксперимент и методология научного познания, изд. МГУ, Москва 1974.
27 M. PLANCK, Wege zur physikalischen Erkenntnis, Verlag von S. Hirzel, Leipzig 1944, S. 267.
28 Vgl. N. BOHR, Atomphysik und menschliche Erkenntnis, Verlag Friedr. Vieweg & Sohn, Braunschweig 1958.
29 A. EINSTEIN, Über spezielle und allgemeine Relativitätstheorie, Akademie-Verlag Berlin — Pergamon Press, Oxford — Vieweg & Sohn, Braunschweig 1969, S. 19.
30 Vgl. ebenda, S. 15.
31 Ebenda, S. 20.
32 Siehe dazu z. B. A. EINSTEIN, Grundzüge der Relativitätstheorie, Akademie-Verlag, Berlin — Pergamon Press, Oxford —Vieweg & Sohn, Braunschweig 1969, S. 98f., S. 106—107.
33 H. KORCH (Hrsg.), Die wissenschaftliche Hypothese, VEB Deutscher Verlag der Wissenschaften, Berlin 1972, S. 74ff., S. 94.

34 P. V. Kopnin, Dialektik — Logik — Erkenntnistheorie, Akademie-Verlag, Berlin 1970, S. 397.
35 Ebenda, S. 397—398.
36 Nach G. Klimaszewski, Die Erkenntnisfunktion verschiedener Hypothesearten in der modernen Physik. In: Deutsche Zeitschrift für Philosophie 19 (1971) 12.
37 Ebenda, S. 1501.
38 H. Korch (Hrsg.), Die wissenschaftliche Hypothese, a. a. O., S. 130.
39 Ebenda.
40 P. V. Kopnin, Dialektik — Logik — Erkenntnistheorie, a. a. O., S. 416.
41 Ebenda.
42 J. Erpenbeck; H. Hörz, Philosophie contra Naturwissenschaft?, VEB Deutscher Verlag der Wissenschaften, Berlin 1977, S. 39.
43 Vgl. ebenda, S. 39ff.; vgl. auch H. Hörz, Marxistische Philosophie und Naturwissenschafte, a. a. O.; G. Klimaszewsky, Die Erkenntnisfunktion verschiedener Hypothesearten in der modernen Physik a. a. O.; В. С. Барашенков, Проблемы субатомного пространства и времен, „Атомиздат", Москва 1979.
44 И. В. Кузнецов, Избранные труды по методологии физики, a. a. O., S. 142.
45 Ebenda, S. 145.
46 Siehe 2.3.1.
47 Л. Б. Баженов, Строение и функции естественнонаучной теории, ,,Наука'', Москва 1978, стр. 201.
48 P. V. Kopnin, Dialektik — Logik — Erkenntnistheorie, a. a. O., S. 426—427.
49 W. I. Lenin, Materialismus und Empiriokritizismus. In: Werke, Bd. 14, Berlin 1962, S. 138.
50 K. Marx, (Thesen über Feuerbach). In: MEW, Bd. 3, Berlin 1958, S. 5.
51 W. Braunbek, Theorien und ihre experimentelle Bestätigung. In: Physikalische Blätter 20 (1964) 12, S. 556.
52 Ebenda.
53 D. Wittich; K. Gössler; K. Wagner, Marxistisch-leninistische Erkenntnistheorie. VEB Deutscher Verlag der Wissenschaften, Berlin 1978, S. 223ff.
54 A. Einstein; L. Infeld, Die Evolution der Physik, a. a. O., S. 193.

55 Zum hier unterlegten Begriff des physikalischen Weltbildes siehe N. Hager; U. Röseberg, Philosophisch-weltanschauliche Aspekte des Weltbildes der klassischen Physik. In: Deutsche Zeitschrift für Philosophie 25 (1977) 5.
56 K. Fuchs, Theorie — Wahrheit — Wirklichkeit. In: 75 Jahre Quantentheorie, Akademie-Verlag, Berlin 1977.
57 И. В. Кузнецов, Избранные труды по методологии физики, a. a. O.; V. Stjopin, Methodologie des Aufbaus der physikalischen Theorie. In: Gesellschaftswissenschaften 28 (1975) 4.
58 И. В. Кузнецов, Избранные труды по методологии физики, a. a. O., S. 31.
59 Vgl. U. Röseberg, Determinismus und Physik, Akademie-Verlag, Berlin 1975, S. 36.
60 H. Hörz, Marxistische Philosophie und Naturwissenschaften, a. a. O., S. 234—235.
61 А. А. Ляпунов, О некоторые особенностях строения современного теоретического знания. В: Вопросы Философии 20 (1966) 5, стр. 39. Ляпунов unterscheidet vier Typen wissenschaftlicher Theorien, und zwar: beschreibende Theorien, mathematische Modelltheorien, ein axiomatisch-mengentheoretisches Niveau und logisch-mathematische Theorien.
62 В. А. Штофф, Проблемы методологии научного познания, a. a. O., S. 221.
63 Unter einem (vorrangig deduktiven) Weg der Theorienbildung wollen wir die Ableitung von Aussagen der Theorie aus anderen gültigen bzw. als gültig vorausgesetzten Aussagen und Bedingungen, den Prämissen (beispielsweise Axiome oder Axiomensysteme) verstehen. Vgl. dazu das Stichwort Deduktion. In: Wörterbuch Philosophie und Naturwissenschaften, Dietz-Verlag, Berlin 1978, S. 156 bis157.
64 A. Einstein, Mein Weltbild, Verlag Ullstein GMBH., Frankfurt/M. 1960, S. 127—128.
65 Ebenda, S. 116.
66 W. Finkelnburg, Einführung in die Atomphysik, Springer-Verlag, Berlin (West)—Heidelberg—New York 1967, S. 3—4.
67 Ebenda.
68 Ebenda.
69 Ebenda.
70 Я. Г. Дорфман, Всемирная история физики (с начала XIX до середины XX вв.), „Наука", Москва 1979, стр. 256.

71 Vgl. dazu A. N. Tichonow, Mathematische Modelle und der wissenschaftlich-technische Fortschritt (Automatisierung der Auswertung von Beobachtungen). In: Wissenschaft und Menschheit 1979, Verlag Snanije, Moskau, Urania-Verlag, Leipzig—Jena—Berlin 1979, S. 283ff.

72 K. A. Johnson, Sind Quarks in Blasen eingeschlossen? In: Spektrum der Wissenschaft 2 (1979) 9.

73 Vgl. ebenda.

Zu Kapitel 5

1 Die Frage der Anschaulichkeit allgemein bzw. in der Physik ist bereits in mehreren Publikationen behandelt worden. Hier sei auf einige verwiesen. Das Problem der Anschaulichkeit physikalischer Modelle wird daher nur kurz im Zusammenhang mit der Problematik wissenschaftlicher Reduktionen erwähnt. Vgl. B. Wenzlaff; K. Matthes; H. Parthey. Ist Anschaulichkeit für das naturwissenschaftliche Erkennen notwendig? In: Wissenschaftliche Zeitschrift der Humboldt-Universität Berlin. Gesellschafts- und sprachwissenschaftliche Reihe X (1961) 2—3; G. Pawelzig; G. Rochler; G. Schulz. Über den Begriff der Anschaulichkeit. In: ebenda. M. E. Omeljanowski, Das Problem der Anschaulichkeit in der Physik. In: Deutsche Zeitschrift für Philosophie 10 (1962) 8; H. Hörz, Zum Problem der Anschaulichkeit in der Mikrophysik. In: Wissenschaftliche Zeitschrift der Humboldt-Universität Berlin. Gesellschafts- und sprachwissenschaftliche Reihe XIII (1964) 7; H. Hörz, Zur Anschaulichkeit in der Quantentheorie. In: Natur und Erkenntnis, VEB Deutscher Verlag der Wissenschaften, Berlin 1964; N. Hager, Ist die Physik anschaulich? In: Wissenschaft und Fortschritt 27 (1977) 7; А. В. Славин, Проблема возникновения нового знания, ,,Наука“, Москва 1976, стр. 178 и следующие.

2 Die hier benutzte Unterscheidung wird ausgeführt in: Reduktionismus — ein antidialektisches Grundprinzip bürgerlicher Wissenschaftsphilosophie. In: Materialistische Dialektik in der physikalischen und biologischen Erkenntnis, Hrsg. H. Hörz und U. Röseberg, Akademie-Verlag, Berlin 1981. Siehe auch J. Erpenbeck, Psychologie und Erkenntnistheorie, Akademie-Verlag, Berlin 1980, S. 4 und S. 45ff.

3 H. Hörz, Experiment — Modell — Theorie. In: Deutsche Zeitschrift für Philosophie 23 (1975) 7, S. 895.
4 Vgl. dazu W. Marciano; H. Pagels, Quantum Chromodynamics. In: Nature, vol. 279, 7 June 1979, S. 479 ff.
5 Siehe: Reduktionismus — ein antidialektisches Grundprinzip bürgerlicher Wissenschaftsphilosophie. In: Materialistische Dialektik in der physikalischen und biologischen Erkenntnis, a. a. O.
6 Vgl. ebenda.
7 Vgl. z. B. W. Ebeling, Physikalisch-chemische Grundlagen der Strukturbildung bei Entwicklungsprozessen. In: Struktur und Prozeß, VEB Deutscher Verlag der Wissenschaften, Berlin 1977.
8 Л. Б. Баженов, Строение и функции естественнонаучной теории, ,,Наука“, Москва 1978, стр. 182.
9 Vgl. Reduktionismus — ein antidialektisches Grundprinzip bürgerlicher Wissenschaftsphilosophie. In: Materialistische Dialektik in der physikalischen und biologischen Erkenntnis, a. a. O..
10 Vgl. z. B. G. Vollmer, Theoriendynamik und Ablösung einer Theorie durch eine neue (bessere): Simulation statt Erklärung. In: Logik, Ethik, Theorie der Geisteswissenschaften, Verlag Felix Meiner, Hamburg 1977.
11 Siehe ebenda, S. 497—498.
12 Zu dieser Problematik siehe das Stichwort: technische Wissenschaften. In: Wörterbuch Philosophie und Naturwissenschaften, Hrsg. H. Hörz; R. Löther; S. Wollgast, Dietz-Verlag, Berlin 1978, S. 905—906.
13 H. Laitko; W.-D. Sprung, Chemie und Weltanschauung, Urania-Verlag, Leipzig—Jena—Berlin 1970, S. 45 ff.
14 Siehe auch W. Beier, Biophysik, VEB Verlag Georg Thieme, Leipzig 1975, S. 11 ff.

Auswahlbibliographie

1. Allgemeine erkenntnistheoretisch-methodologische Fragen der Naturwissenschaften

[1] Dialektik in der modernen Naturwissenschaft. Materialien der II. Allunionskonferenz zu philosophischen Fragen der Naturwissenschaft Moskau 1970, Hrsg. S. Wollgast und K.-F. Teinz, Akademie-Verlag, Berlin 1973.

[2] Ф. Энгельс и современное естествознание, „Наукова думка", Киев 1979.

[3] Erkenntnistheoretische und methodologische Probleme der Wissenschaft, Akademie-Verlag, Berlin 1966.

[4] J. Erpenbeck; H. Hörz, Philosophie contra Naturwissenschaft?, VEB Deutscher Verlag der Wissenschaften, Berlin 1977.

[5] J. Erpenbeck, Psychologie und Erkenntnistheorie, Akademie-Verlag, Berlin 1980.

[6] P. Franz; M. Jankow, Information contra Materialismus?, Akademie-Verlag, Berlin 1977.

[7] Geschichte der marxistischen Dialektik. Von der Entstehung des Marxismus bis zur Leninschen Etappe, Dietz-Verlag, Berlin 1974.

[8] H. Hörz, Marxistische Philosophie und Naturwissenschaften, Akademie-Verlag, Berlin 1974.

[9] G. Klaus, Spezielle Erkenntnistheorie, VEB Deutscher Verlag der Wissenschaften, Berlin 1965.

[10] P. V. Kopnin, Dialektik — Logik — Erkenntnistheorie. Akademie-Verlag, Berlin 1970.

[11] Lenin und die Wissenschaft, Bd. II: Lenin und die Naturwissenschaften. Beiträge zum 100. Geburtstag von W. I. Lenin, Hrsg. R. Rochhausen und G. Grau, VEB Deutscher Verlag der Wissenschaften, Berlin 1970.

[12] Materialistische Dialektik in der physikalischen und biologischen Erkenntnis, Hrsg. H. Hörz und U. Röseberg, Akademie-Verlag, Berlin 1981.

[13] Методологические вопросы теоретического естествознания, ,,Наукова думка'', Киев 1978.

[14] Методологические проблемы науки, ,,Наука'', Москва 1964.

[15] Методологические проблемы научного познания, ,,Наука'', сибирское отделение, Новосибирск 1977.

[16] Natur und Erkenntnis. Philosophisch-methodologische Fragen der modernen Naturwissenschaft, Hrsg. H. Hörz und R. Löther, VEB Deutscher Verlag der Wissenschaften, Berlin 1964.

[17] Наука в социальных, гносеологических и ценностных аспектах, ,,Наука'', Москва 1980.

[18] T. Pawlow, Die Widerspiegelungstheorie, VEB Deutscher Verlag der Wissenschaften, Berlin 1973.

[19] Philosophisches Wörterbuch, Hrsg. M. Buhr und G. Klaus, VEB Bibliographisches Institut, Leipzig 1974, 10., neu bearbeitete und erweiterte Auflage.

[20] Проблемы истории и методологии научного познания, ,,Наука'', Москва 1974.

[21] G. I. Ruzavin, Die Natur der mathematischen Erkenntnis, Akademie-Verlag, Berlin 1977.

[22] Синтез современного научного знания, ,,Наука'', Москва 1973

[23] В. А. Штофф, Проблемы методологии научного познания, ,,Высшая школа'', Москва 1978.

[24] Э. М. Чудинов, Природа научной истины, изд. политической литературы, Москва 1977.

[25] Wege des Erkennens. Philosophische Beiträge zur Methodologie der naturwissenschaftlichen Erkenntnis, Hrsg. H. Laitko und R. Bellmann, VEB Deutscher Verlag der Wissenschaften, Berlin 1969.

[26] Weltanschauung und Methode. Philosophische Beiträge zur Einheit von Natur- und Gesellschaftswissenschaften, Hrsg. A. Griese und H. Laitko, VEB Deutscher Verlag der Wissenschaften, Berlin 1969.

[27] D. Wittich; K. Gössler; K. Wagner. Marxistisch-leninistische Erkenntnistheorie, VEB Deutscher Verlag der Wissenschaften, Berlin 1978.

[28] Wörterbuch Philosophie und Naturwissenschaften, Hrsg. H. Hörz, R. Löther und S. Wollgast, Dietz-Verlag, Berlin 1978.

[29] Philosophische Probleme der Physik, Autorenkollektiv unter der Leitung von H. Hörz und H.-D. Pöltz, VEB Deutscher Verlag der Wissenschaften, Berlin 1978.

2. Experiment — Modell — Theorie in der marxistischen Philosophie

[1] Л. Б. Баженов, Строение и функции естественнонаучной теории, ,,Наука'', Москва 1978.

[2] В. С. Барашенков, Проблемы субатомного пространства и времен, ,,Атомиздат'', Москва 1979.

[3] В. А. Храмова, Философский анализ проблемы соотношения теории и эксперимента в релятсивисткой физике, ,,Наукова думка'', Киев 1974.

[4] Die wissenschaftliche Hypothese, Hrsg. H. Korch, VEB Deutscher Verlag der Wissenschaften, Berlin 1972.

[5] Experiment — Modell — Theorie, Hrsg. H. Hörz und M. Omeljanowski (†), VEB Deutscher Verlag der Wissenschaften, Berlin 1982.

[6] физическая теория. Философско-методологический анализ, ,,Наука'', Москва 1980.

[7] H. Hörz, Atomie — Kausalität — Quantensprünge. Quantentheorie — philosophisch betrachtet, VEB Deutscher Verlag der Wissenschaften, Berlin 1964.

[8] —, Experiment — Modell — Theorie. In: Deutsche Zeitschrift für Philosophie 23 (1975) 7.

[9] G. Klimaszewski. Die Erkenntnisfunktion verschiedener Hypothesenarten in der modernen Physik. In: Deutsche Zeitschrift für Philosophie 19 (1971) 12.

[10] И. В. Кузнецов, Избранные труды по методологии физики, ,,Наука'', Москва 1975.

[11] А. М. Мостепаненко, Методологические и философские проблемы современной физики, изд. ЛГУ, Ленинград 1977.

[12] Philosophische Probleme der Elementarteilchenphysik, VEB Deutscher Verlag der Wissenschaften, Berlin 1965.

[13] U. Röseberg, Quantenmechanik und Philosophie, Akademie-Verlag, Berlin 1978.

[14] Г. И. Рузавин, Научная теория, Логико-методологический анализ, ,,Мысль'', Москва 1978.

[15] А. В. Славин, Проблема возникновения нового знания, ,,Наука'', Москва 1976.

[16] В. С. Степин, Становление научной теории, изд. БГУ, Минск 1976.

3. Modell und Modellmethode in der marxistischen Philosophie

[1] М. Н. Буслова, Моделирование в процессе познания. (На материалах химии), „Наука и Техника", Минск 1975.

[2] А. А. Горелов; Н. М. Мамедов; И. Б. Новик, Философские вопросы моделирования. В: Философские вопросы естествознания, ч. II, изд. АН СССР, Москва 1976.

[3] N. Hager; H. Hörz, Modell und Modellbildung in der wissenschaftlichen Erkenntnis. In: Deutsche Zeitschrift für Philosophie 25 (1977) 2.

[4] H. Hörz, Philosophische Probleme der Modellierung, Teil I. In: messen – steuern – regeln, 20 (1977) 9; Teil II, 20 (1977) 11; Teil III, 20 (1977) 12.

[5] H. Hörz, Modelle in der wissenschaftlichen Erkenntnis. In: Sitzungsberichte der Akademie der Wissenschaften der DDR, 11 G 1978, Akademie-Verlag, Berlin 1978.

[6] R. Kranhold, Erkenntnistheoretische Aspekte von Modellen. In: Widerspiegelung – Erkenntnis – Modell – Messung, Rostocker Philosophische Manuskripte, Heft 15, Wilhelm-Pieck-Universität Rostock 1976.

[7] H. Ley, Der Begriff des Modells in der Biologie. In: Deutsche Zeitschrift für Philosophie 16 (1968) 1.

[8] Моделирование и познание, Ред. В. А. Штофф, „Наука и Техника", Минск 1974.

[9] К. Е. Морозов, Математическое моделирование в научном познании, „Мысль", Москва 1969

[10] V. A. Štoff, Modellierung und Philosophie, Akademie-Verlag, Berlin 1969.

[11] А. И. Уёмов, Логические основы метода моделирования, „Мысль", Москва 1971.

[12] K. D. Wüsteneck. Zur philosophischen Verallgemeinerung und Bestimmung des Modellbegriffs. In: Deutsche Zeitschrift für Philosophie 11 (1962) 12.

[13] –, Einige Gesetzmäßigkeiten und Kategorien der wissenschaftlichen Modellmethode. In: Deutsche Zeitschrift für Philosophie 14 (1966) 12.

4. *Das Problem der Modellierung in nichtmarxistischer Philosophie*

[1] M. Bunge, Physik und Wirklichkeit. In: Erkenntnisprobleme der Naturwissenschaft, Kiepenheuer & Witsch, Köln—Berlin 1970.
[2] —, Philosophy of Physics, D. Reidel. Publishing Company, Dordrecht 1973.
[3] H. Fertig, Die Modellmethode in der Physik. In: Physikalische Blätter 30 (1974) 5.
[4] —, Modelltheorie der Messung, Duncker & Humblot, Berlin 1977.
[5] A. Fischer, Die philosophischen Grundlagen der wissenschaftlichen Erkenntnis, Springer-Verlag, Wien—New-York 1967.
[6] M. Jammer, Die Entwicklung des Modellbegriffs in den physikalischen Wissenschaften. In: Studium Generale 18 (1965) 3.
[7] H. Müller, Theorie und Modell in der Naturwissenschaft, Kantstudien Bd. 50, Heft 1, 1958/59.
[8] F. Renoirte; A. Mercier, Philosophie der exakten Wissenschaften, Benziger-Verlag, Einsiedel—Zürich—Köln 1955.
[9] H. Stachowiak, Gedanken zu einer allgemeinen Theorie der Modelle. In: Studium Generale 18 (1965) 7.
[10] —, Allgemeine Modelltheorie, Springer-Verlag, Wien—New-York 1973.

Namenverzeichnis

Sachverzeichnis

ULRICH RÖSEBERG

Determinismus und Physik

(Wissenschaftliche Taschenbücher,
Reihe Mathematik/Physik)

1975. VI, 208 Seiten — kl. 8° — 12,50 M
Bestell-Nr. 761 971 6 (7161)

Der Autor zeigt, daß der Determinismus des mechanischen Materialismus eine philosophische Fehlinterpretation der klassischen Mechanik darstellt. Er behandelt aus der modernen Physik gewonnene philosophische Verallgemeinerungen des dialektischen Determinismus und geht auf weltanschauliche, erkenntnistheoretische und methodologische Fragen der physikalischen Forschung ein.

Quantenmechanik und Philosophie

1978. 224 Seiten — kl. 8° — 12,50 M
Bestell-Nr. 762 341 6 (7192)

Obwohl die Quantenmechanik sich praktisch hinreichend bewährt hat, gibt es unter Physikern bis heute sehr unterschiedliche Auffassungen zu Grundlagenfragen der Theorie und ihrer Interpretation. Die mit der Entwicklung der Quantenmechanik engstens verknüpften philosophischen Fragestellungen werden nach wie vor kontrovers diskutiert. Auf der Grundlage einer Analyse der Geschichte dieser philosphischen Auseinandersetzungen prüft der Autor die Leistungsfähigkeit verschiedener Konzeptionen zur Behandlung der philosophischen Fragen der Wissenschaftsentwicklung und schätzt die Ergebnisse der Erforschung philosophischer Fragen der Quantenmechanik auf dialektisch-materialistischer Basis ein.

Ihr Buchhändler
hält alle Wissenschaftlichen Taschenbücher für Sie bereit!

THEORIA CUM PRAXI

AKADEMIE-VERLAG · BERLIN

ISSN 0084-098X

Die Autorin

- behandelt Modelle und Modellmethode in Theorienbildungsprozessen und benutzt dabei Erkenntnisse und Fakten physikalischer Forschung
- untersucht philosophisch-weltanschaulich, erkenntnistheoretisch und methodologisch relevante Aspekte der Beziehungen zwischen Experiment, Modell und Theorie
- deckt Beziehungen zu anderen Formen und Mitteln der Erkenntnis wie Hypothese und Gedankenexperiment auf
- analysiert Voraussetzungen von Modellierungsprozessen wie Analogien, Abstraktionen (speziell Abstraktion durch Idealisierung)
- hebt Stufen der Modellbildung anhand konkreter Fallstudien aus der Geschichte der Festkörperphysik hervor
- macht auf die Bedeutung wissenschaftlicher Reduktionen aufmerksam und grenzt diese gegenüber dem philosophischen Reduktionismus ab.

WISSENSCHAFTLICHE TASCHENBÜCHER

FSC
www.fsc.org
MIX
Papier | Fördert gute Waldnutzung
FSC® C083411

Zeitfracht Medien GmbH
Ferdinand-Jühlke-Straße 7
99095 Erfurt, Deutschland
produktsicherheit@kolibri360.de